8°R
19263

AF610152

G.-H. NIEWENGLOWSKI

LE RADIUM

LUMINESCENCE. — RAYONS CATHODIQUES ET RAYONS X
RAYONS URANIQUES DE M. BECQUEREL. — EXPÉRIENCES DE NIEPCE DE SAINT-VICTOR
CORPS RADIOACTIFS : RADIUM, THORIUM, ACTINIUM. — PROPRIÉTÉS DU RADIUM
RECHERCHE DES CORPS RADIOACTIFS
ACTION DE DIVERSES SUBSTANCES SUR LA PLAQUE PHOTOGRAPHIQUE
RELATIONS DE CES ACTIONS AVEC LA RADIOACTIVITÉ
CONSIDÉRATIONS THÉORIQUES

H. DESFORGES, ÉDITEUR
39, QUAI DES GRANDS-AUGUSTINS, 39
PARIS-VIe

LE RADIUM

G.-H. NIEWENGLOWSKI

LE RADIUM

LUMINESCENCE. — RAYONS CATHODIQUES ET RAYONS X
RAYONS URANIQUES DE M. BECQUEREL. — EXPÉRIENCES DE NIEPCE DE SAINT-VICTOR
CORPS RADIOACTIFS : RADIUM, THORIUM, ACTINIUM. — PROPRIÉTÉS DU RADIUM
RECHERCHE DES CORPS RADIOACTIFS
ACTION DE DIVERSES SUBSTANCES SUR LA PLAQUE PHOTOGRAPHIQUE
RELATIONS DE CES ACTIONS AVEC LA RADIOACTIVITÉ
CONSIDÉRATIONS THÉORIQUES

PARIS
CHARLES MENDEL, ÉDITEUR
118 ET 118bis, RUE D'ASSAS

PRÉFACE

Nous avons, dans cette brochure, essayé de décrire, aussi simplement que possible, les mystérieuses propriétés du radium.

Nous avons fait un historique aussi complet que possible de la découverte de M. et Mme Curie, en insistant particulièrement sur les propriétés photographiques des corps radioactifs. Nous avons décrit un certain nombre de recherches concernant les actions exercées sur la plaque photographique par nombre de corps, actions qui, par certains côtés, semblent avoir quelque analogie avec la radioactivité, mais qui en diffèrent par divers caractères ; c'est ainsi que nous avons insisté sur les belles expériences de Niepce de Saint-Victor, montrant que les curieux effets observés par ce savant n'avaient aucun rapport avec les rayons Becquerel ; nous avons décrit également en détail les expériences de M. R. Colson et de M. Russell sur l'impression des plaques photographiques par certains métaux et certains corps organiques, impression due à des traces d'eau oxygénée. Nous avons aussi exposé les curieux phénomènes observés par M. Villard sur les effets produits sur la plaque photographique par les corps traités préalablement par l'ozone, effets d'autant plus intéressants que l'on semble admettre que l'émanation du radium ne serait autre que de l'ozone.

Si nous n'avons décrit comme applications du radium que les applications thérapeutiques, c'est que seules elles ont fait l'objet d'études suivies ; de nombreuses applications ne tarderont sans doute pas à voir le jour ; mais il serait prématuré de les décrire avant leur réalisation complète.

D'ailleurs les applications du radium et les problèmes scientifiques que soulève cette belle découverte ne peuvent être aisément étudiés à cause de la rareté de ce corps. Jusqu'à présent, le radium n'a été extrait que des résidus de traitement de la pechblende ; il n'existe actuellement que 2 grammes de bromure de radium pur et quelques grammes de sels impurs moins actifs. Il devient de plus en plus difficile de se procurer les résidus de pechblende nécessaires pour extraire de nouvelles quantités de radium.

Il est donc du plus grand intérêt de rechercher

d'autres minéraux que la pechblende contenant des matières radioactives. Cette recherche est des plus faciles pour tout photographe, amateur ou professionnel. Aussi avons-nous décrit la méthode à employer, dans l'espoir que nombre de nos lecteurs découvriront des roches, terres ou sables radioactifs, et rendront ainsi un grand service à la science.

I

PHÉNOMÈNES DE LUMINESCENCE PHOSPHORESCENCE ET FLUORESCENCE

1. — Lorsqu'un corps a absorbé une certaine quantité d'énergie, sous l'une quelconque de ses formes, il la restitue parfois peu à peu en rayonnant des radiations visibles ou non pour notre œil; ce rayonnement peut également impressionner la plaque photographique bien que n'agissant pas sur notre rétine.

Ce sont ces phénomènes que l'on désigne sous le nom général de *luminescence*. Le rayonnement de ces corps ne dépend pas de la température seule. Si on enferme dans une enceinte close, maintenue à une température constante, dans un canon de fusil par exemple, des métaux quelconques, du charbon..., etc., tous ces corps nous apparaissent, à chaque instant, de même teinte et exactement aussi lumineux les uns que les autres ; ils sont d'ailleurs aussi lumineux que l'enceinte. En particulier, lorsqu'on fait croître la température de l'enceinte, ils commencent à devenir lumineux à la même température et présentent tous, à ce moment, la teinte dite rouge sombre.

Si, au contraire, ils ne sont pas placés dans une enceinte à peu près close, ils deviennent lumineux à des températures différentes : l'or à 423°, le platine à 404°...

Les corps *luminescents* se distinguent des corps *incandescents* : placés dans le canon de fusil, les premiers ne deviennent pas lumineux en même temps que les seconds. Ainsi la chaux, le marbre, le spath-fluor... émettent tout d'abord une lumière blanche ou bleuâtre.

L'emploi de l'incandescence proprement dite pour l'éclairage est désavantageux : la plus grande partie de l'énergie dépensée passe à l'état de radiations invisibles. Aussi les plus grands progrès modernes de l'éclairage sont-ils dus à l'emploi de manchons, tels que le manchon Auer, formés de corps luminescents[1].

Toutes les formes d'énergie peuvent rendre les corps luminescents. Les actions mécaniques, à la température ordinaire, produisent ces phénomènes : en frottant deux morceaux de sucre, de porcelaine, en broyant de la craie, en clivant du mica ; on aperçoit une lueur rouge quand on frotte, dans l'obscurité, deux morceaux de quartz. Des diamants frottés sur une étoffe de laine ou sur un corps dur paraissent entourés d'une lueur.

La cristallisation d'un certain nombre de sels donne lieu, au sein même du dissolvant, à une émission de lumière qui est d'autant plus curieuse qu'elle se produit au moment même de la formation de chaque cristal[2] : anhydride arsénieux, sulfate de potassium.

2. — Certains corps, exposés un certain temps à la

1. Nous avons extrait ces diverses définitions de l'ouvrage de M. H. Bouasse : *Mécanique et Physique*, édité par la librairie Delagrave, ouvrage qui est le traité élémentaire de physique le plus au courant des idées modernes.

2. Ed. Becquerel, *la Lumière*, I, p. 39.

lumière, continuent à émettre de la lumière pendant un temps plus ou moins long : c'est le phénomène de la *phosphorescence.* Ce sont surtout les radiations réfrangibles : bleues, violettes, ultra-violettes qui provoquent la phosphorescence : *elles sont absorbées et transformées en radiations moins réfrangibles.* La phosphorescence du sulfure de calcium, du sulfure de baryum a été observée depuis très longtemps (1602).

3. — En réalité, tous les corps présentent le phénomène de phosphorescence ; mais la durée du phénomène est parfois très courte : le corps est alors dit *fluorescent* (pétrole).

Les expériences suivantes, dues à STOKES, montrent nettement le phénomène :

Un cube de verre d'urane est éclairé dans une pièce obscure par la lumière provenant d'une lampe à arc ; il émet une belle lumière jaune verdâtre. Si on interpose entre l'œil et le cube un verre violet foncé, le cube de verre devient presque invisible, malgré son vif éclat : le verre violet est presque opaque pour cette lumière jaune verdâtre. Si, au contraire, on place le verre violet entre la lampe à arc et le cube d'urane, celui-ci émet une lumière aussi intense qu'avant.

Une feuille de papier blanc n'est éclairée que très faiblement par la lumière de l'arc qui a traversé le verre violet. Si on trace sur le papier des caractères avec un pinceau trempé dans une solution de sulfate de quinine légèrement acidulée par l'acide sulfurique, les caractères s'illuminent et émettent une belle lueur bleue.

La lumière, nous l'avons déjà dit, n'est pas seule à pouvoir provoquer la phosphorescence.

4. — Un corps luminescent, nous le répétons, est un corps qui a absorbé, emmagasiné une certaine quantité d'énergie sous forme lumineuse (photoluminescence), calorifique (thermoluminescence), électrique (électroluminescence), ou sous toute autre forme.

Cette énergie de luminescence, comme le fait justement remarquer M. G. SAGNAC dans une de ses communications à l'Académie (19 juillet 1897), peut se révéler à nous par divers phénomènes :

« 1° En se transformant en énergie rayonnée visible ou invisible, soit spontanément, soit sous l'influence de la chaleur ou de radiations convenables ;

« 2° En servant d'aliment ou d'amorce à un changement d'état très apparent, soit spontanément, soit sous l'influence d'une action mécanique ou chimique, comme cela arrive dans le *développement photographique ;*

« 3° Sans se transformer, l'énergie spéciale emmagasinée dans l'état de luminescence peut être décelée par le changement des propriétés générales du corps, par exemple, le changement de conductibilité électrique. »

A ce dernier propos, il est bon de remarquer que certaines radiations, en produisant une *image latente* sur certains corps, changent leur conductibilité électrique. C'est ce qui arrive pour le bromure d'argent ; pour le soufre, qui acquiert à la lumière une image latente révélable en noir par les vapeurs de mercure et change en même temps de conductibilité, M. G. SAGNAC a constaté que cette action de la lumière sur le soufre semblait suivre une loi analogue à celle des actions photographiques ordinaires.

Ces diverses considérations semblent appelées à jeter

un jour tout nouveau sur la théorie de la formation de l'image latente; mais ce sujet nous entraînerait beaucoup trop loin et réclame d'ailleurs de nouvelles recherches. Nous nous contenterons de rappeler l'expérience, peu connue, de M. Laoureux : si on laisse un certain temps une plaque ou un papier au gélatino-bromure insolé, c'est-à-dire portant une image latente, au contact ou à une petite distance d'une plaque n'ayant pas subi l'action de la lumière, on peut développer sur cette dernière une faible image.

Les applications de la phosphorescence sont nombreuses : on a enduit de substances phosphorescentes — le plus souvent de sulfure de calcium — des boîtes d'allumettes, des bouées de sauvetage, des écrans de cartons pour l'éclairage des poudrières, des cadrans d'horloges, des numéros de maisons, des noms de rues, des poignées de portes, des trous de serrures, des interrupteurs de circuit d'éclairage... etc.

II

APPLICATIONS DE LA LUMINESCENCE A LA PHOTOGRAPHIE

5. — Les radiations émises par les corps phosphorescents impressionnent généralement les préparations photographiques.

Ce fait est connu depuis les premiers temps de la photographie : Daguerre essaya lui-même l'action de la lumière émise par les substances phosphorescentes sur des plaques à l'iodure d'argent, et constata qu'elle était, comme la lumière solaire, susceptible de produire une image latente, pouvant être révélée par le développement physique aux vapeurs de mercure.

Daguerre eut aussi l'idée de recevoir l'image donnée par la chambre noire sur une plaque enduite de sulfure de calcium (*Académie des sciences*, 1839, t. VII, p. 243), mais il n'avait obtenu ainsi que de médiocres résultats; nous verrons plus loin comment cette ingénieuse idée a pu entrer dans le domaine de la pratique. Il tenta aussi d'obtenir, à la chambre noire, des images des objets avec leurs couleurs, en employant un mélange de trois poudres phosphorescentes, l'une à luminescence bleue, la seconde à luminescence verte et la troisième à luminescence rouge. C'est d'ailleurs là la première tentative sérieuse des photographie de couleurs.

Peu après Daguerre, de 1857 à 1867, Abel Niepce, dit de Saint-Victor (né en 1805, mort en 1870), petit-cousin de Joseph-Nicephore Niepce le collaborateur de Daguerre, présenta à l'Académie des sciences une série de mémoires sur l'*Activité persistante de la lumière*, mémoires qu'on semble avoir trop oubliés aujourd'hui et qui valurent à son auteur un prix de l'Institut. Nous résumerons dans un chapitre spécial les principales de ces expériences sur lesquelles la découverte des rayons Becquerel a rappelé l'attention (ch. VII, p. 41).

6. — A peu près à la même époque, Edmond Becquerel, dans ses travaux si considérables sur la phosphorescence, remarqua que les substances phosphorescentes, préalablement insolées, noircissaient le papier sensible : il étudia particulièrement à ce point de vue l'azotate d'urane et les sulfures de strontium et de calcium.

En 1863, Vogel confirma les résultats de Becquerel, relatifs au sulfure de calcium, et constata en outre que les lueurs émises dans l'obscurité par le phosphore impressionnaient les plaques au collodion humide.

7. — L'exquise sensibilité des plaques au gélatino-bromure permit de tirer un plus grand parti de ces divers phénomènes. C'est ce que Warnecke et Darwin firent les premiers en 1880. Une plaque de verre, recouverte, dans l'obscurité, de sulfure de calcium est exposée à la chambre noire ; dès qu'elle est rendue lumineuse, on la porte dans le laboratoire obscur et on l'applique quelques minutes sur la face gélatinée d'une

plaque au gélatino-bromure. Le développement fait apparaître une image douce et renversée de celle que l'objectif projetait sur la plaque phosphorescente; il faut avoir soin d'appliquer cette dernière sur la glace sensible dans l'obscurité et non à la lumière rouge, qui détruit la phosphorescence.

Darwin a proposé d'utiliser ces phénomènes à la multiplication des négatifs : une plaque phosphorescente est exposée trois à quatre secondes au soleil, puis placée au châssis-presse, derrière un négatif recouvert d'un verre rouge. Une nouvelle exposition d'une minute et demie au soleil forme sur la plaque phosphorescente une image négative que l'on voit en la portant dans l'obscurité. On la met au contact d'une plaque sensible durant trente secondes, et le développement permet d'obtenir un nouveau négatif. En répétant la même opération avec la même plaque phosphorescente, on peut ainsi transporter, en quelque sorte, l'image négative primitive sur plusieurs plaques sensibles.

8. — Draper, en 1881, proposa d'utiliser le même phénomène à la reproduction des raies du spectre, dans l'infra-rouge, au moyen du sulfure de calcium à phosphorescence violette.

Enfin, en 1886, Zenger eut l'idée d'utiliser la phosphorescence en astrophotographie[1]. Une plaque recouverte d'une substance phosphorescente (phosphore de Balmain), était exposée dans le plan focal d'une lunette, durant un temps variable.

Immédiatement après la pose, il place, dans l'obscu-

1. *Académie des Sciences*, 1886, I, p. 109; II, p. 455.

rité et à l'abri de la poussière, la plaque phosphorescente contre une plaque sèche au gélatino-bromure d'argent.

Le contact étant prolongé des heures, des jours même, le développement faisait apparaître des détails invisibles au télescope. En employant une exposition de durée convenable et en prolongeant suffisamment la durée de contact, on parvient à remplacer par cette durée le temps de pose qu'il aurait fallu donner à la plaque au gélatino-bromure pour avoir les mêmes détails en l'exposant directement au foyer du télescope.

Zenger a proposé l'emploi de cette méthode à la confection de la carte du ciel; le travail sera ainsi singulièrement abrégé. Malheureusement on n'a pas encore suffisamment étudié ce procédé pour pouvoir en tirer des résultats réguliers et constants.

9. — Nous terminerons ce chapitre en indiquant un procédé permettant de prendre des photographies sans chambre noire ni lumière artificielle, procédé particulièrement utilisable pour prendre des copies de planches dans les bibliothèques. Ce procédé est dû à M. S. Smith qui l'a donné dans le journal anglais *Nature*.

Un morceau de carton est couvert d'une substance phosphorescente, et, après une exposition suffisante à la lumière solaire ou à la lumière d'une lampe à arc, on le place au dos de la planche dont on désire avoir une copie. On met en même temps sur le recto de cette planche une plaque photographique sèche et l'on tient le livre fermé pendant un certain temps, variable suivant la nature et l'épaisseur du papier de ce livre, de dix-huit à soixante minutes.

La plaque est ensuite enlevée et mise de côté à l'abri

de la lumière pour être développée à loisir; cette plaque est aisément manipulée sous un drap noir qui la protège contre la lumière et couvre le livre pendant l'opération. Ni la plaque ni la substance phosphorescente n'altèrent le livre; en se servant de pellicules au lieu de plaques, on peut obtenir plusieurs copies à la fois. La durée de l'exposition avec le carton phosphorescent est considérablement diminuée quand on place le carton sur une surface chaude, telle que celle d'un récipient en métal porté à température d'environ 20° C., au moyen d'eau chaude; quand on se sert de pellicules, il ne faut pas dépasser cette température.

Tels étaient les rapports connus de la luminescence et de la photographie, lorsque le professeur Rontgen annonça la découverte des rayons X, découverte qui provoqua un grand nombre de travaux, parmi lesquels sont ceux relatifs aux rayons Becquerel et à la découverte du radium. Mais, avant de les exposer, il est bon de rappeler nos connaissances sur les rayons cathodiques et sur les rayons X.

III

RAYONS CATHODIQUES ET RAYONS X

10. — Phénomènes cathodiques. — Si on met en communication avec les deux pôles d'une machine électrostatique, ou mieux, d'une bobine de Ruhmkorff, deux conducteurs métalliques pénétrant dans une ampoule de verre contenant un gaz raréfié, on observe des phénomènes curieux, qui varient avec la nature du gaz, sa pression et la fréquence des décharges électriques.

Si la pression à l'intérieur du tube est égale à la pression atmosphérique, le courant ne passe pas, à cause de la résistance opposée par l'air.

Si la pression n'est plus que de $\frac{1}{1000^e}$ d'atmosphère environ, le courant passe et la région du tube comprise entre les deux électrodes est illuminée; la couleur et l'éclat de cette lueur dépendent de la nature du gaz, du degré de raréfaction et de la forme du tube. Cette lumière présente deux caractères remarquables : au lieu d'être continue, elle est le plus souvent stratifiée, c'est-à-dire composée de zones alternativement brillantes et obscures; en outre, l'électrode négative ou *cathode* est entourée d'un petit espace obscur. Les tubes présentant ces phénomènes sont appelés tubes de Geissler, du nom de celui qui les imagina.

Si on pousse la raréfaction plus loin, la zone obscure qui entoure la cathode augmente de plus en plus et la colonne lumineuse diminue de longueur. Pour une pression suffisamment faible, comprise entre $\frac{1}{100.000^e}$ et $\frac{1}{1.000.000^e}$ d'atmosphère, la colonne lumineuse disparaît entièrement; par contre, certaines régions de la paroi du tube s'illuminent d'une lueur verdâtre ou violette; le tube présentant cet aspect est dit tube de Hittorf ou de Crookes.

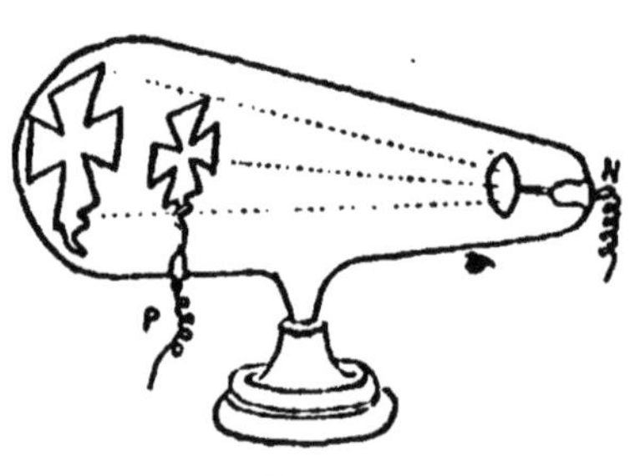

Fig. 1.

Enfin, si le vide est aussi parfait qu'on peut le faire, le courant ne passe plus et tout phénomène disparaît.

L'agent qui provoque la luminescence des parois de verre d'un tube de Crookes ne peut être le courant électrique qui traverse le tube, puisqu'il va d'une électrode à l'autre, sans toucher la paroi. Tout objet introduit dans le tube, une croix d'aluminium par exemple (*fig.* 1) porte sur la paroi une ombre analogue à celle que donnerait un corps lumineux substitué à la cathode. Celle-ci, l'objet et son ombre sont sensiblement en ligne droite. Cet agent inconnu semble donc émaner de la cathode et, comme la lumière, se *propager en ligne droite;* on lui a donné par analogie le nom de *rayons cathodiques*. Ils illuminent sur leur passage le gaz raréfié, ce qui permet d'étudier leur marche comme on étudie celle d'un faisceau de lumière entrant dans une chambre obscure par les poussières qu'il éclaire.

11. — Propriétés des rayons cathodiques. — Lorsque les rayons cathodiques rencontrent un obstacle, ils pro-

Fig. 2.

duisent des effets variés selon sa nature, effets qui ont été mis en évidence par les expériences si brillantes imaginées par Crookes. Leur énergie est susceptible de produire des effets mécaniques : un petit moulinet monté sur des rails de verre se met en marche du pôle négatif au pôle positif quand on fait passer la décharge à travers le tube qui le contient, tube disposé de manière que le faisceau cathodique rencontre le bord supérieur des palettes (*fig.* 2).

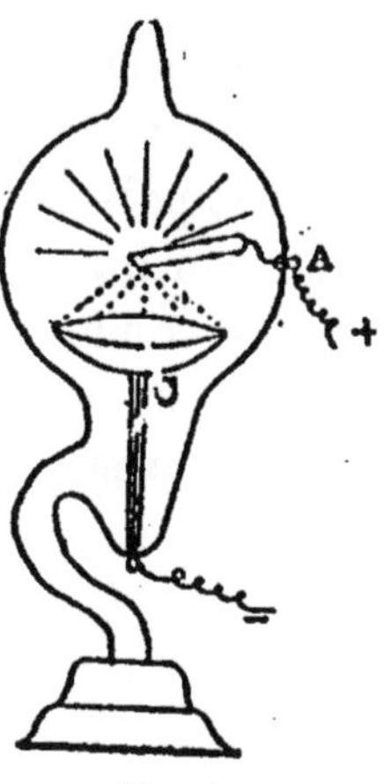

Fig. 3.

Si on concentre le faisceau cathodique en un point, en employant une cathode sphérique concave, l'énergie apportée à cette sorte de foyer est assez intense pour fondre du platine (*fig.* 3).

12. — LUMINESCENCE. — Nous avons déjà vu (10) que le verre d'un tube de Crookes en activité devenait *luminescent;* c'est là un phénomène général. Un grand nombre de substances placées sur le trajet d'un faisceau cathodique, à l'intérieur du tube de Crookes, deviennent phosphorescentes (*fig.* 4) ; c'est le cas des corps photoluminescents et d'un grand nombre d'autres. Un simple morceau de craie émet une vive lumière. Certains miné-

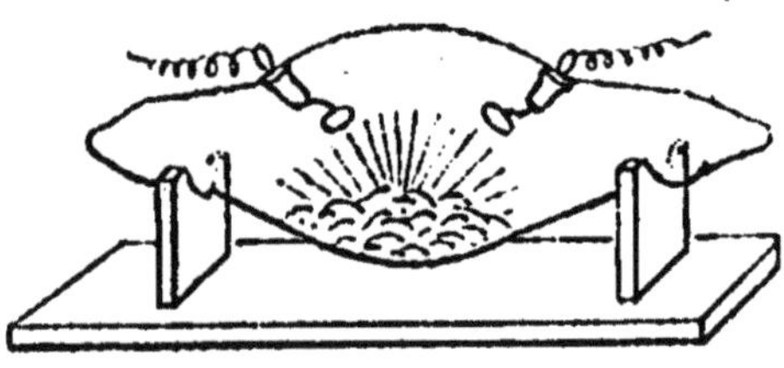

FIG. 4.

raux prennent un aspect vraiment féerique. La lueur émise par le cristal est bleue ; par l'yttria, jaune ; par le rubis, rouge..., etc. L'air lui-même brille, nous l'avons dit, sur le passage des rayons cathodiques, d'une belle lueur bleue qui nous indique leur trajet, mais qu'il ne faut pas, comme on l'a déjà fait, confondre avec les rayons cathodiques eux-mêmes.

Ainsi, et c'est là une remarque importante, *les rayons cathodiques ont, comme les rayons lumineux, la faculté de provoquer la luminescence.*

13. — DÉVIATION MAGNÉTIQUE. — En plaçant en face de la cathode un diaphragme en mica percé d'une petite ouverture, on peut isoler un pinceau étroit de rayons cathodiques, à bords nets ; ce pinceau, nous l'avons

déjà dit, prend une direction rectiligne ; si on approche du tube un électro-aimant en activité, le pinceau se courbe en arc de parabole (*fig.* 5) ; les rayons cathodiques sont donc déviés par l'aimant comme le serait un courant électrique.

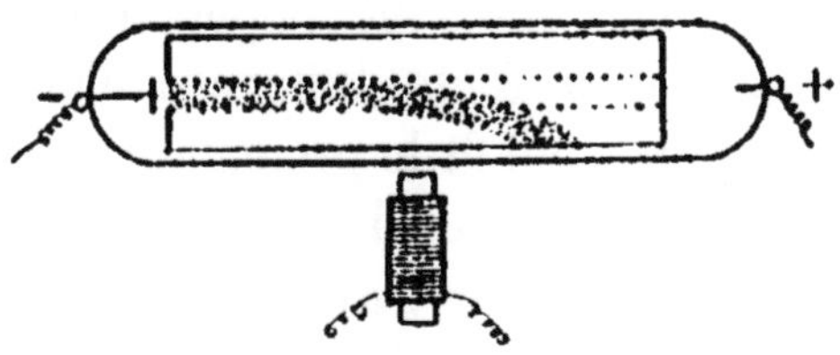

FIG. 5. — Déviation magnétique de rayons cathodiques.

14. — Nature des rayons cathodiques. — Des nombreuses hypothèses proposées pour expliquer les phénomènes cathodiques, seule celle présentée par CROOKES a prévalu.

Les molécules de gaz restant dans l'ampoule seraient, d'après lui, décomposées en quelque sorte, au voisinage de la cathode, en particules plus petites et électrisées. Les unes, électrisées positivement, *ions positifs*, seraient absorbées par la cathode; les autres, chargées d'électricité négative ou *ions négatifs* seraient repoussées violemment par la cathode. La vitesse de ces particules électrisées est de 40.000 kilomètres par seconde. C'est leur trajectoire que l'on appelle rayon cathodique.

Les divers effets produits sont dus à une sorte de bombardement des corps rencontrés par ces molécules électrisées.

15. — Rayons Röntgen. — Enfermons un tube de Crookes dans une boite métallique à parois formées soit de carton recouvert de papier d'étain, soit de feuilles minces d'aluminium. Dès que l'on met le tube en activité, un écran au platinocyanure de baryum que l'on en approche, s'illumine. Or la luminescence de l'écran ne peut être due à une action électrique ni à la lumière verte émise par le verre de l'ampoule, puisque les parois de l'enceinte sont impénétrables à toute lumière connue et à toute influence électrostatique. Aussi M. Röntgen[1], qui fit le premier cette expérience, dut-il conclure à l'existence d'un agent nouveau, émanant du tube, capable de traverser le carton et susceptible de provoquer la luminescence de diverses substances. Il ne tarda pas à remarquer que l'écran s'illuminait encore si, entre lui et la boîte renfermant l'ampoule, on interposait un livre de 1000 pages, une planche de bois de sapin ou une plaque d'aluminium ayant $0^m,015$ d'épaisseur. Une plaque photographique, enveloppée ou non de papier noir, et mise à la place de l'écran, est impressionnée.

16. — Plaçant sa main entre l'ampoule et l'écran fluorescent, Röntgen vit se projeter en noir sur ce dernier l'ombre des os de la main, tandis que le contour des tissus mous n'était que vaguement accusé; la même silhouette apparaissait après développement, sur une plaque photographique mise à la place de l'écran. Le tube de Crookes, la main et l'ombre étant placées en ligne droite, on peut en conclure que le nouvel agent se propage en ligne droite comme la lumière; d'où le

1. Né en Prusse, l'an 1844, docteur ès sciences de l'Université de Zurich (1869), M. W.-C. Röntgen enseigne la Mécanique, l'Acoustique et l'Optique à l'Université de Wurtzbourg (Bavière).

nom de *rayons* que lui a donné Röntgen ; il les a de plus nommés *rayons* X pour montrer que nous ignorons leur nature. On est tenté tout d'abord de confondre ces nouveaux rayons avec les rayons cathodiques. Mais il est facile de voir que les deux rayonnements diffèrent totalement. Tandis que les rayons cathodiques se diffusent assez vite dans l'air, les rayons de Röntgen se propagent à une assez grande distance sans subir de diffusion sensible.

M. Jean Perrin, employant le même dispositif que pour les rayons cathodiques, n'a pu déceler la moindre trace d'électrisation de rayons X ; de nombreux expérimentateurs ont constaté que l'aimant ne les dévie pas.

17. — Mais, s'il y a une différence bien nette entre les rayons cathodiques et les rayons X, ils sont liés entre eux par une relation très étroite. Le professeur Röntgen, dans son premier mémoire, avait conclu de nombreux essais que « les points du tube où apparait la « phosphorescence la plus brillante sont le siège principal d'où les rayons X naissent et se propagent dans « toutes les directions, c'est-à-dire que les rayons X « partent de la région où les rayons cathodiques frappent « le verre. »

On a montré qu'*aux points où une matière quelconque arrête les rayons cathodiques*, il se forme des rayons de Röntgen.

18. — Les principales propriétés des rayons X sont :

1° De se propager en ligne droite, de ne subir ni réflexion sur les miroirs, ni réfraction à travers les prismes ou les lentilles ;

2° De traverser la plupart des corps, plus ou moins facilement, selon leur épaisseur : le papier, le bois, la cire, la paraffine, le charbon, le carton, l'ébonite, etc., sont très transparents pour les rayons X, l'influence de l'épaisseur restant cependant nette. Viennent ensuite par ordre d'opacité croissante : l'eau, l'os, l'ivoire, le spath, le verre, le quartz, le sel gemme, le soufre, le fer, l'acier, le cuivre, le laiton, le mercure, le plomb.

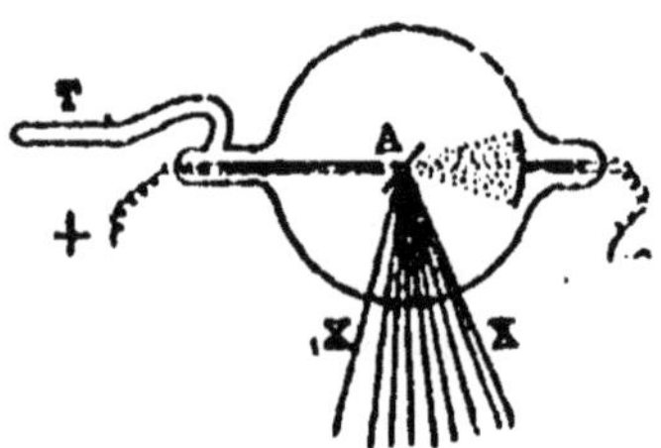

FIG. 6. — Ampoule productrice de rayons X.
Le faisceau cathodique est représenté en pointillé ; les rayons X prennent naissance sur la lame de platine A, bombardée par les rayons cathodiques.

Les divers tissus organiques sont transparents; le tissu osseux est beaucoup moins transparent que les autres. Inutile de rappeler l'application de ce fait à la médecine et à la chirurgie;

3° D'impressionner les plaques photographiques;

4° De provoquer la décharge des corps électrisés;

5° D'exciter la phosphorescence des corps photoluminescents ; notamment du platinocyanure de baryum, du tungstate de calcium.

19. — La nature intime des rayons X n'a pu encore être décelée.

L'hypothèse la plus probable est qu'il s'agit de radiations ultraviolettes, produites par l'arrêt brusque des charges électriques transportées par les rayons cathodiques[1].

1. On trouvera tous les détails relatifs aux rayons cathodiques, aux rayons X, à la radioscopie et à la radiographie, dans l'ouvrage : G.-H. Niewenglowski, *Technique et Applications des rayons X*.

IV

EXPÉRIENCES ANTÉRIEURES A LA DÉCOUVERTE DES RAYONS BECQUEREL

20. — L'historique de la découverte des rayons BECQUEREL émis par l'uranium et ses sels, par le radium et les divers autres corps radio-actifs a été écrit avec précision par M. Henri BECQUEREL dans l'avant-propos de son beau travail intitulé : *Recherches sur une propriété nouvelle de la matière;* activité radiante spontanée ou radioactivité de la matière, travail qui forme le tome XLVI des *Mémoires de l'Académie des Sciences de l'Institut de France.*

Nous reproduisons *in extenso* cet historique : « Dans la séance de l'Académie des Sciences du 20 janvier 1896, au moment où M. H. POINCARÉ venait de montrer les premières radiographies envoyées par M. RÖNTGEN, je demandais à mon confrère si l'on avait déterminé quel était, dans l'ampoule productrice des rayons X, le lieu d'émission de ces rayons. Il me fut répondu que l'origine du rayonnement était la tache lumineuse de la paroi qui recevait le flux cathodique. Je pensai aussitôt à rechercher si l'émission nouvelle n'était pas une manifestation du mouvement vibratoire qui donnait naissance à la phosphorescence, et si tout corps phosphorescent n'émettait pas de semblables rayons. Je fis part de cette idée et de ce projet à M. POINCARÉ et, dès le lendemain je commençai, dans cet ordre d'idées, une série d'expériences dont il sera dit plus loin quelques mots; celles-ci ne confirmèrent pas la prévision qui les avait fait entreprendre.

M. POINCARÉ écrivait alors pour le numéro du 30 janvier 1896 de la *Revue générale des Sciences* un article sur les rayons de Röntgen; à la suite des diverses hypothèses qui se présentaient à l'esprit pour concevoir la nature de ces rayons, il ajouta[1] : « Ainsi, c'est le verre qui émet les rayons de Röntgen et il les émet en devenant fluorescent. Ne peut-on alors se demander si tous les corps dont la fluorescence est suffisamment intense n'émettent pas, outre les rayons lumineux, des rayons X de Röntgen, quelle que soit la cause de leur fluorescence. Ces phénomènes ne seraient plus alors liés à une cause électrique. Cela n'est pas très probable, mais cela est possible et, sans doute, assez facile à vérifier. » La publication de ce rapprochement suscita immédiatement un grand nombre d'expériences.

21. — Si l'on suit l'ordre des publications, il faut mentionner d'abord une expérience de M. Ch. HENRY[2], qui plaça sur une plaque photographique enveloppée de papier noir un fil de fer, puis sur le fil plusieurs pièces de monnaie, et, sur l'une des pièces un peu de sulfure de zinc préparé par lui. Il exposa le tout aux rayons X; puis, en développant la radiographie, il constata que

1. *Revue générale des Sciences*, t. VII, p. 56 (1896).
2. *Comptes Rendus de l'Académie des Sciences*, t. CXXII, p. 312, 10 février 1896.

l'ombre du fil apparaissait légèrement sous la pièce recouverte de sulfure de zinc phosphorescent. Il en conclut que ce corps avait émis des rayons traversant le métal et impressionnant la plaque photographique. L'épreuve que j'ai eu l'occasion de voir n'a pas entraîné ma conviction, d'autant plus qu'une légère pression eût suffi pour donner un résultat analogue. Aucune expérience n'est venue depuis confirmer cette observation. Une autre expérience de M. Ch. Henry relative à l'action de rayons émis par la blende hexagonale au travers de feuilles d'aluminium et de carton pourrait être rapprochée d'une expérience faite ultérieurement par M. Troost; mais l'expérience de M. Charles Henry ne présente pas assez de netteté pour qu'on puisse affirmer qu'il s'agisse du même phénomène.

22. — On doit mentionner ici, pour n'y plus revenir, et comme ayant été rattachées à tort au nouveau phénomène, diverses expériences de M. G. Le Bon[1]. Il s'agissait d'impressions photographiques attribuées à des rayons issus de sources lumineuses, et que l'auteur a appelés « la lumière noire »; ces rayons, capables de traverser des écrans métalliques, sont arrêtés par une feuille de papier noir.

Ces expériences affectent, pour la plupart, une complication qui masque la véritable cause des faits observés. Dans les cas simples, ceux-ci apparaissent comme des conséquences des phénomènes connus.

Les conclusions sont exposées en termes peu précis,

1. *Comptes Rendus de l'Académie des Sciences*, t. CXXII, p. 188, 27 janvier, p. 233, 3 février; p. 386, 17 février et p. 462, 24 février.

et d'une généralité telle qu'ils peuvent s'appliquer éventuellement à des phénomènes d'un tout autre ordre. L'auteur a cru pouvoir s'appuyer sur ces conclusions pour élever des revendications de priorité, à l'occasion de plusieurs des découvertes qui ont été réalisées plus tard dans le domaine qui nous occupe. Il suffit de relire, dans les *Comptes Rendus des séances de l'Académie des sciences*, les premières publications de M. G. Le Bon, pour se convaincre qu'au moment où il les a faites l'auteur n'avait aucune idée des phénomènes de radioactivité.

Les conclusions des expériences de M. Le Bon ont été réfutées, tout d'abord par M. G.-H. Niewenglowski [1], puis par M. Lumière [2]. Plus tard, M. Perrigot [3] montra que diverses expériences sur la « lumière noire » étaient des effets dus à des rayons infra-rouges traversant l'ébonite, corps qui se comporte comme un verre rouge très foncé ; j'ai eu l'occasion [4] de vérifier et de compléter cette observation.

23. — De toutes ces publications, une seule mérite d'attirer tout particulièrement l'attention, c'est une note de M. G.-H. Niewenglowski [5], contenant l'observation suivante : « Un écran enduit d'une poudre de sulfure de calcium phosphorescent (au bismuth), après avoir été insolé, émit des radiations qui ont impressionné une

1. *Comptes Rendus de l'Académie des Sciences*, t. CXXII (1896), p. 233, 3 février; p. 385, 17 février.
2. *Id.*, t. CXXII, p. 463, 26 février 1896.
3. *Id.*, t. CXXIV, p. 857 et 1087 (1897).
4. *Id.*, t. CXXIV, p. 984 (1897).
5. *Id.*, t. CXXII, p. 385, 17 février 1896.

plaque photographique au travers du carton et du papier noir.

« J'ai été conduit à répéter une expérience analogue dont les anomalies remarquables seront développées plus loin; mais ce phénomène ne paraît pas être le même que celui dont il va être question dans ce travail, et qui constitue la radioactivité.

« Telles étaient les publications qui ont précédé la première observation que j'ai faite sur les propriétés radiantes des sels d'uranium, et qui a été publiée dans la séance de l'Académie des Sciences du 24 février 1896. »

V

PHÉNOMÈNES CURIEUX PRÉSENTÉS PAR LE SULFURE DE CALCIUM

24. — Avant de décrire la découverte, faite par M. H. Becquerel, des propriétés radiantes remarquables de l'uranium et de ses sels, nous résumerons diverses observations faites par ce savant sur des corps phosphorescents qui ont présenté des phénomènes anormaux assez curieux.

M. Henri Becquerel, pour répéter l'expérience indiquée par M. G.-H. Niewenglowski, employa le dispositif suivant[1] :

« On fit avec de la toile noire, épaisse et opaque, une sorte de sac, en forme d'enveloppe de lettre, dont une des faces était formée par une lame d'aluminium de 2 millimètres d'épaisseur et de $9^{cm},4$ sur $7^{cm},8$ de surface. Dans cette enveloppe on introduisit une plaque photographique Lumière 9×12, la gélatine tournée vers la plaque d'aluminium, et le tout fut placé horizontalement, à la lumière diffuse, l'aluminium en dessus.

1. H. Becquerel, *Recherches sur une propriété nouvelle de la matière*; t. XLVI des *Mémoires de l'Académie des Sciences*, chap. II, p. 42.

« A l'extérieur de l'enveloppe, sur la plaque d'aluminium, on disposa divers corps phosphorescents : du sulfure de calcium, au bismuth, lumineux bleu foncé, et une autre préparation, de même nature lumineuse bleu clair ou bleu verdâtre.

« A ces matières, on avait joint une préparation de sulfure de calcium très lumineuse orange, du sulfure de strontium donnant une belle phophorescence verte, de la blende hexagonale phosphorescente préparée par M. Ch. HENRY et un fragment de fluorine (chlorophane) rendu vivement lumineux par des étincelles électriques.

« Comme les sulfures de calcium et de strontium s'altèrent à l'air et cessent alors d'être phosphorescents, ces matières pulvérulentes avaient été enfermées, ainsi que la blende hexagonale, dans de petits tubes formant cloche, fermés à la lampe par une extrémité et reposant par leur partie ouverte sur de minces lamelles de verre de $0^{mm},2$ d'épaisseur, sur lesquels ils étaient scellés avec de la paraffine : une petite quantité de paraffine avait été coulée sur la tranche du tube de verre, et l'ensemble consolidé par un bourrelet de paraffine coulé à l'extérieur du tube, sur la plaque de verre. Ces préparations ont été disposées, côte à côte sur la plaque d'aluminium, après avoir été exposées à la lumière solaire, et le tout enfermé à l'obscurité dans une boîte, le 7 mars 1896, à quatre heures du soir.

« La plaque photographique a été retirée et développée le 9 mars, à neuf heures du matin. Les sulfures de calcium, à ce moment, étaient encore lumineux dans la chambre noire.

« L'épreuve photographique, dont la reproduction

est figurée (*fig.* 7) montra une impression étendue et remarquablement intense, produite par le sulfure bleu foncé. C'était une impression beaucoup plus intense que celle que j'obtenais alors avec les sels d'uranium pendant le même temps de pose. Le sulfure de calcium

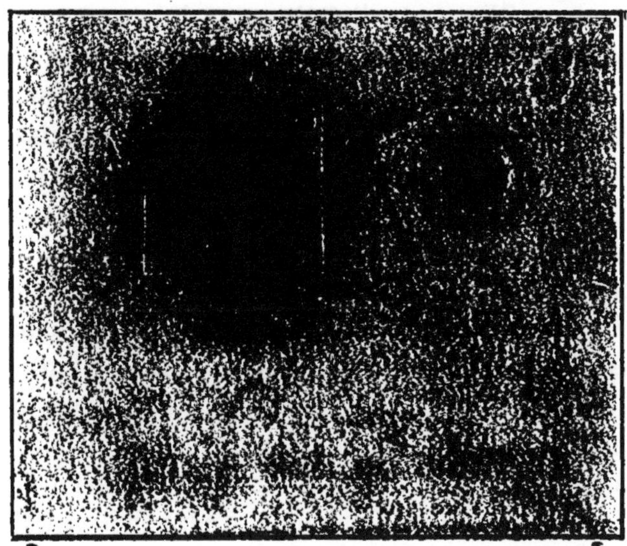

Fig. 7.

lumineux bleu clair avait donné une impression sensiblement limitée aux contours du tube qui le contenait; la position de la préparation de sulfure de strontium, était à peine indiquée; quant aux autres corps, le sulfure de calcium orangé, la chlorophane et la blende hexagonale, ils n'avaient donné aucune impression.

. . . .

25. — « L'impression obtenue présenta la particularité

remarquable de reproduire avec une finesse très grande les bords de la lame en verre sur laquelle reposait le sulfure bleu foncé. Leur image est formée par un trait blanc qui représente une ombre portée ; à l'intérieur, ce trait blanc est bordé par une ligne noire très fine, beaucoup plus noire que la région voisine. Comme la matière pulvérulente occupait dans le tube une hauteur de plusieurs millimètres, il était naturel de penser que la tache étendue était produite par des rayons émis au travers du tube, ayant traversé obliquement la lame de verre. Si ces rayons se réfractaient et se réfléchissaient totalement sur la tranche verticale des bords, ils produiraient une impression identique à celle qui est réalisée sur la plaque, c'est-à-dire une ombre blanche avec un maximum noir étroit à l'intérieure.

« La section du tube apparaît en clair sur le fond impressionné; elle est bordée à l'extérieur et à l'intérieur par une bande noire, très intense à l'intérieur de la projection du tube. Le contour de cette bande correspond à la limite de la poudre tassée et en partie agglomérée par la paraffine fondue qui a pu pénétrer à l'intérieur, entre le tube et la lamelle de verre. Enfin le bourrelet extérieur de paraffine apparaît malgré la grande transparence que ce corps a présentée pour les rayons actifs, et la limite du bourrelet est encore une ligne fine blanche, sinueuse, bordée de noir à l'intérieur, offrant le même aspect que l'image des bords de la lame de verre. »

La finesse des détails obtenus fait penser à une action due plutôt à des rayons lumineux qu'à des radiations analogues à celles émises par l'uranium ; la seule conclusion certaine, que l'on puisse tirer de cette expérience, est que les rayons actifs, quelle que soit leur nature, ont traversé une plaque métallique d'aluminium de deux millimètres d'épaisseur.

26. — Mais le fait le plus inattendu est que M. Becquerel n'ait jamais pu répéter cette expérience, malgré la facilité avec laquelle avait été obtenue l'épreuve reproduite figure 7. Toutes les tentatives faites ont été infructueuses; qu'on emploie le même échantillon ou d'autres échantillons de sulfure de calcium, qu'on excite sa phosphorescence par la lumière, l'étincelle électrique, ou les rayons X...

D'ailleurs M. Troost n'a pu non plus obtenir de nouvelles impressions à travers le papier noir, avec la blende hexagonale.

VI

LES RAYONS URANIQUES DE M. H. BECQUEREL

27. — Les sels d'uranium étant des corps très fluorescents, M. Becquerel eut l'idée de chercher si ces sels, excités par la lumière, n'émettraient pas des radiations analogues aux rayons Röntgen. Il déposa sur une plaque photographique, enveloppée d'une double feuille de papier noir épais, deux lamelles de sulfate double d'uranium et de potassium; entre l'une d'elles et la plaque il plaça une pièce d'argent et le tout fut exposé au soleil. Après une pose de quelques heures, le développement de la plaque fit apparaître une légère impression figurant les silhouettes des lamelles et l'ombre de la pièce d'argent.

L'expérience répétée en interposant entre la plaque enveloppée de sel d'uranium une lame mince de verre de $0^{mm},10$ d'épaisseur, ou une lamelle de mica, pour empêcher le passage de toute vapeur, donna les mêmes résultats; ils furent communiqués à l'Académie des sciences le 24 février 1896.

Les sels d'uranium, exposés à la lumière, ne restant lumineux que pendant un centième de seconde, il semblait indispensable de les exposer d'une manière continue à la lumière, durant toute la durée de l'expérience.

Une nouvelle expérience fut faite en plaçant des sels d'uranium sur la plaque d'aluminium du châssis que nous avons décrit 24, page 29. Interposant une croix en cuivre de 0mm,10 d'épaisseur entre le papier noir ou entre la lame d'aluminium et le sel d'uranium, la silhouette de la croix se détachait en plus clair sur l'image développée.

28. — Dans sa communication de cette expérience faite à l'Académie des sciences, le 2 mars 1896, M. Henri Becquerel ajoutait :

« J'insisterai particulièrement sur le fait suivant qui me paraît tout à fait important et en dehors des phénomènes que l'on pouvait s'attendre à observer : les mêmes lamelles cristallines, placées en regard de plaques photographiques, dans les mêmes conditions et au travers des mêmes écrans, *mais à l'abri de l'excitation des radiations incidentes et maintenues à l'obscurité*, produisent encore les mêmes impressions photographiques. Voici comment j'ai été conduit à faire cette observation parmi les expériences qui précèdent. Quelques unes avaient été préparées le mercredi 26 et le jeudi 27 février, et, comme ces jours-là le soleil ne s'est montré que d'une manière intermittente, j'avais conservé les expériences toutes préparées et rentré les châssis à l'obscurité dans le tiroir d'un meuble, en laissant en place les lamelles du sel d'uranium. Le soleil ne s'étant pas montré les jours suivants, j'ai développé les plaques photographiques le 1er mars, en m'attendant à trouver des images très faibles. Les silhouettes apparurent, au contraire, avec une grande intensité. Je pensai aussitôt que l'action avait dû continuer à l'obscurité. » M. Becquerel décrit alors de nouvelles expériences identiques aux précédentes, mais à l'abri de toute lumière, expériences qui donnèrent les mêmes résultats. Il ajoute ensuite qu' « il importe d'observer que ce phénomène ne paraît pas devoir être attribué à des radiations lumineuses émises par phosphorescence, puisqu'au bout d'un centième de seconde ces radiations sont devenues si faibles qu'elles ne sont presque plus perceptibles. »

Le 3 mars 1896, à quatre heures du soir, M. Becquerel plaça dans l'obscurité sur une plaque photographique entourée de papier noir, divers sels d'uranium séparés du papier par des lamelles de verre très mince; le 5 mars, à quatre heures trente, c'est-à-dire quarante-huit heures après, la plaque développée montra une impression à peu près identique pour chacun des sels d'uranium; ceux-ci furent disposés alors — toujours dans l'obscurité — sur une seconde plaque qui, développée quarante-huit heures après, présenta des images aussi intenses que la première; une troisième, une quatrième plaque... etc., soumises le même temps, dans les mêmes conditions, donnèrent les mêmes images. Des images identiques ont pu ainsi être obtenues d'abord régulièrement dans les quarante-huit heures, puis à des époques de plus en plus espacées; la dernière épreuve a été obtenue le 30 mars 1903. La première et la dernière impression ont donc été obtenues à sept ans d'intervalle, « dans les mêmes conditions, sans que les matières actives aient été retirées de la boîte de plomb[1]

1. Le 3 mai 1896, M. Becquerel avait repris une nouvelle série d'expériences : les sels étudiés étaient placés dans une première boîte en plomb épais, d'où ils ne sont pas sortis depuis. Un peu

et sans que, pendant tout cet intervalle de temps, celle-ci soit sortie du local obscur où elle était enfermée. Toutes les épreuves montrent qualitativement la quasi-permanence du phénomène ».

Diverses expériences, faites en mars 1896, donnèrent d'intéressants résultats :

Une pose de quatre jours permit d'obtenir la radiographie d'une médaille en aluminium, placée entre une plaque sensible enveloppée de papier noir et des lamelles de sulfate double d'uranium et de potassium.

Une lamelle du même sel, recouverte par un miroir d'acier, donne une image plus intense qu'une lamelle non recouverte (30) : ce phénomène est dû à des radiations secondaires.

Enfin M. Becquerel put constater que l'action s'affaiblit avec la distance des lamelles à la surface de la plaque sensible, ce qui montre qu'il y a absorption et diffusion par l'air.

29. — Le 7 mars 1896, M. Henri Becquerel observa un phénomène très important : la décharge des corps électrisés sous l'action du rayonnement uranique.

Le phénomène fut observé au moyen d'un électroscope Hurmuzescu.

Cet électroscope se compose essentiellement d'une tige de laiton terminée à sa partie supérieure par une

au-dessus du fond de cette boîte était tendue une feuille de papier noir sur laquelle ont été déposés des sels munis de leur lamelle de verre. Une rainure latérale pratiquée au niveau du fond de la boîte permettait de glisser, sous la feuille de papier, noir une plaque photographique fixée sur une lame de plomb; puis le tout était enfermé dans une seconde boîte de plomb. Le changement de plaque se faisait sans toucher aux sels, dans l'obscurité absolue.

boule et à sa partie inférieure par deux feuilles d'aluminium ou d'or (*fig.* 8). Celles-ci sont enfermées dans une boîte métallique rectangulaire vitrée sur trois ou quatre faces avec des verres conducteurs de l'électricité. La tige en laiton est isolée par un bouchon en diélectrine[1] qu'elle traverse.

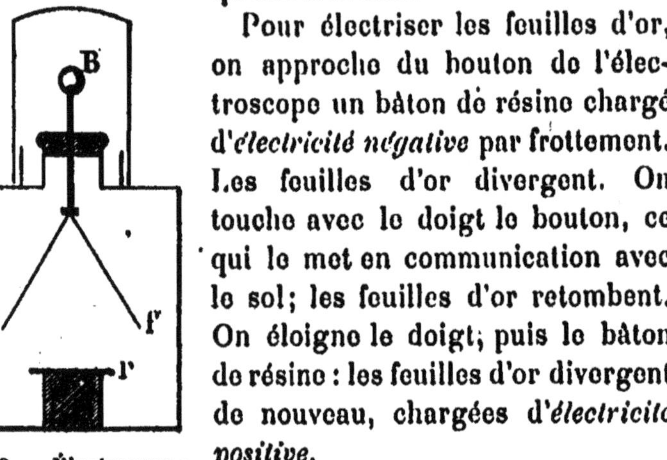

Fig. 8. — Électroscope.

Pour électriser les feuilles d'or, on approche du bouton de l'électroscope un bâton de résine chargé d'*électricité négative* par frottement. Les feuilles d'or divergent. On touche avec le doigt le bouton, ce qui le met en communication avec le sol; les feuilles d'or retombent. On éloigne le doigt, puis le bâton de résine : les feuilles d'or divergent de nouveau, chargées d'*électricité positive*.

L'isolement était excellent : les feuilles d'or, divergeant d'une vingtaine de degrés ne se rapprochaient que de 2°,5 en douze heures; en introduisant dans la cage de l'électroscope une lamelle de sulfate double d'uranium et de potassium, l'électroscope se décharge en une heure et demie environ.

Tous les sels d'uranium, qu'ils soient fluorescents comme les sels uraniques ou qu'ils ne le soient pas, comme les uraneux, ont présenté les mêmes phénomènes : impression des plaques photographiques recouvertes de papier noir, décharge des corps électrisés. Seuls, parmi les

1. Mélange de soufre et de paraffine.

corps étudiés par M. Becquerel, les sels d'uranium avaient montré ces phénomènes. Aussi a-t-il été conduit à penser que « l'activité radiante n'était pas, comme la phosphorescence, liée à un état particulier, physique ou chimique de la substance, mais que l'effet était dû à l'élément *uranium* et que l'activité était une propriété moléculaire caractéristique de l'atome de cet élément. L'uranium métallique devait être alors le plus actif des corps étudiés. »

Divers échantillons d'uranium ont en effet présenté les mêmes phénomènes que les sels de ce métal et avec une plus grande intensité.

30. — Nous avons vu qu'un miroir d'acier étant placé au-dessus d'une lamelle de sel d'uranium (28), l'impression photographique était augmentée. Des expériences précises ont montré à M. Becquerel que le miroir d'acier ainsi que la plupart des corps frappés par les rayons uraniques, émettaient à leur tour d'autres radiations. En juillet 1897, M. Sagnac avait montré que le même phénomène était produit par les rayons X et a donné le nom de rayons secondaires aux rayons émis par un corps frappé par les rayons X.

31. — De ces diverses recherches, M. Henri Becquerel a pu tirer les conclusions suivantes :

« L'uranium et tous les sels de ce métal émettent un rayonnement invisible et pénétrant qui produit des actions chimiques photographiques et décharge à distance les corps électrisés. Ce rayonnement paraît avoir une intensité constante, indépendante du temps, et n'être influencé par aucune cause excitatrice extérieure connue. Il paraît donc spontané. Il traverse les métaux, le papier noir, et les corps opaques pour la lumière.

« La plaque photographique et l'électroscope forment les bases des deux méthodes d'investigation pour étudier le nouveau rayonnement. La propriété radiante est liée à la présence de l'élément uranium : c'est une propriété atomique, indépendante de l'état moléculaire des composés.

« Les corps frappés par le rayonnement nouveau émettent eux-mêmes un rayonnement secondaire qui impressionne une plaque photographique. »

VII

LES EXPÉRIENCES DE NIEPCE DE SAINT-VICTOR ET LES RAYONS BECQUEREL

32. — Lorsque les premières expériences de M. Henri Becquerel furent publiées, on les rapprocha de faits très curieux observés par Niepce de Saint-Victor[1] de 1857 à 1867, et dont nous résumerons les principaux :

Une gravure, préalablement conservée quelques jours dans l'obscurité et exposée de quinze à vingt minutes au soleil, est appliquée dans l'obscurité sur une feuille de papier sensible : celle-ci présente au bout de vingt-quatre heures une image nette de la gravure! L'expérience ne réussit pas si on interpose entre la gravure et le papier sensible une lame de verre, de mica ou de cristal de roche; une gravure enduite de vernis à tableau ou de gomme ne se reproduit pas, tandis qu'une gravure recouverte d'une couche de collodion ou de gélatine se reproduit. La reproduction a encore lieu si on

1. Abel Niepce de Saint-Victor, né à Saint-Cyr près de Chalon-sur-Saône, était cousin issu de germains de Nicéphore Niepce, qui fut l'associé de Daguerre. Il est mort en 1870. Il a laissé une série de mémoires très intéressants dont les principaux ont été reproduits dans les deux ouvrages de M. R. Colson : *La Plaque photographique* et *Mémoires originaux des créateurs de la photographie.*

place la gravure à une certaine distance du papier sensible (de 3 à 10 millimètres selon la grosseur des traits); toutes les gravures ne peuvent pas être ainsi reproduites. Si, au lieu d'appliquer directement la gravure sur un papier sensible, on la met sur un morceau de carton blanc (placé dans l'obscurité depuis quelque temps), celui-ci a pris au bout de vingt-quatre heures la propriété d'agir sur le papier sensible comme la gravure.

Une autre expérience consiste à tracer sur une feuille de carton une image avec une plume trempée dans une solution concentrée d'azotate d'urane ou d'acide tartrique. Après insolation au soleil, il suffit de placer le carton sur un papier sensible pour obtenir au bout de vingt-quatre heures une reproduction des traits qu'on y a dessinés.

Les expériences ont été variées; Niepce étudia successivement, d'une manière analogue, l'emmagasinement de la lumière par le bois, le verre, diverses étoffes, la porcelaine, la craie, le marbre, etc.

L'une des plus curieuses de ces expériences est la suivante : « On prend un tube de métal, de fer-blanc, par exemple, ou de toute autre substance opaque, fermé à l'une de ses extrémités et tapissé à l'intérieur de papier ou de carton blanc; on l'expose, l'ouverture en avant, aux rayons solaires directs pendant une heure environ; après l'insolation, on applique cette même ouverture contre une feuille de papier sensible, et l'on constate, après vingt-quatre heures, que la circonférence du tube a dessiné son image. Il y a plus : une gravure sur papier de Chine, interposée entre le tube et le papier sensible, se trouvera elle-même reproduite.

« Si on ferme le tube hermétiquement aussitôt qu'on a cessé de l'exposer à la lumière, il conservera pendant un temps indéfini la *faculté de radiation* que l'insolation lui a communiquée, et l'on verra cette faculté s'exercer ou se manifester par impression lorsque l'on appliquera ce tube sur le papier sensible, après en avoir enlevé le couvercle qui le fermait. »

Cet emmagasinement de la lumière dans des tubes réussit encore mieux si on emploie un carton très fortement imprégné d'acide tartrique ou d'azotate d'urane.

Les expériences faites à la lumière directe furent répétées sur les images données par la chambre noire : un carton blanc exposé quelques heures dans le plan focal de l'objectif et appliqué, dans l'obscurité, sur une feuille de papier sensible, y produisait une image identique à celle que l'objectif projetait sur le carton dans la chambre. Mais il fallait une exposition très longue pour obtenir un résultat appréciable.

33. — Ces expériences furent différemment interprétées par les savants contemporains de Niepce de Saint-Victor. Thénard, qui leur donna le nom d'*expériences sur la lumière latente*, attribue ces phénomènes d'insolation à des phénomènes chimiques déterminés directement par la lumière, qui n'agit que comme agent intermédiaire. L'abbé Laborde, qui répéta avec soin la plupart de ces expériences, en vit la cause dans une production d'acide formique, et n'admet aucune activité persistante de la lumière, et encore moins une lumière emmagasinée. Seul Léon Foucault, d'accord avec Niepce de Saint-Victor, y voit un rayonnement, invisible à nos yeux, rayonnement qui ne traverse pas le verre.

34. — Parmi les expériences faites par l'abbé Laborde, la suivante est particulièrement instructive :

« La boîte contenant le carton insolé a été laissée pendant quatre heures dans un endroit chaud ; je l'ai débouchée ensuite avec précaution, et, tenant l'ouverture en bas, j'en ai retiré doucement le carton insolé ; j'ai fixé promptement sur le fond du bouchon un papier sensible traversé par une bande de verre et j'ai refermé la boîte. Je l'ai placée dans un endroit frais et, lorsqu'au bout de douze heures, je l'ai ouverte, j'ai trouvé le papier sensible noirci sur la surface découverte, malgré l'absence du carton insolé.

« Il est inutile de discuter ces deux expériences pour montrer qu'évidemment, dans tous ces effets, on a affaire à une émanation, et non pas à une radiation. »

35. — Si, dans ces expériences, Niepce de Saint-Victor a employé parfois le nitrate d'urane, il est fort peu probable que le noircissement du papier sensible ait été dû à des rayons Becquerel ; il aurait, en effet, fallu un temps de pose beaucoup plus long pour qu'ils produisent une impression.

L'émission des rayons Becquerel est *spontanée*, alors qu'une *insolation préalable* était nécessaire pour produire les effets observés par Niepce de Saint-Victor, effets qui étaient temporaires et exigeaient une nouvelle insolation pour être produits à nouveau.

Les effets observés par Niepce de Saint-Victor ne se produisent pas à travers une lamelle de verre de mica, ce qui les distingue nettement du rayonnement uranique.

D'ailleurs, comme contrôle, M. Henri Becquerel a étudié soit par la méthode photographique au travers du papier noir, soit par la méthode électrique, les effets du papier insolé et de l'acide tartrique. Malgré la grande sensibilité des dispositions expérimentales, je n'ai obtenu — dit-il — que des résultats négatifs, même avec des poses très longues sur les plaques photographiques, ou en laissant les matières agir pendant plusieurs heures sur les feuilles d'or d'un électroscope qui, pendant ce temps, ont conservé une déviation pratiquement constante (*Recherches sur une propriété nouvelle de la matière*, p. 52).

Les expériences de Niepce de Saint-Victor, bien que nettement distinctes de celles de M. Henri Becquerel, présentent un intérêt assez grand pour mériter d'être étudiées à nouveau et approfondies afin d'en découvrir la véritable cause, qui n'est pas encore connue avec certitude.

Nous décrirons (60) d'intéressantes expériences de M. Villard qui sembleraient devoir attribuer ces phénomènes à l'ozone.

VIII

LA DÉCOUVERTE DES CORPS RADIOACTIFS THORIUM. — POLONIUM. — RADIUM. — ACTINIUM

36. — « Dès que mes premières expériences eurent mis en évidence ces phénomènes, il ne me sembla pas douteux, dit M. Becquerel, que ces propriétés de l'uranium ne devaient pas être l'apanage exclusif de ce métal et qu'elles devaient se manifester à des degrés différents dans d'autres corps de la nature. »

En 1898, M. Schmidt[1] trouva que le *thorium* et ses composés présentaient, avec une intensité du même ordre, les mêmes phénomènes que l'uranium et ses composés. La même année, Mme Curie, n'ayant pas encore connaissance de ce travail, annonça les propriétés du thorium[2].

Mme Curie a proposé d'appeler *radioactives* les substances présentant les mêmes phénomènes que l'uranium et le thorium, c'est-à-dire les substances émettant des *rayons Becquerel*.

M. Becquerel ayant constaté que tous les corps renfermant l'élément uranium étaient radioactifs, en conclut que la radioactivité était une propriété atomique. Mme Curie l'a démontré en vérifiant qu'après plusieurs

1. Wiedemann, *Annalen*, t. LXV, p. 141.
2. *Comptes Rendus*, t. CXXVI, p. 1101, avril 1898.

traitements successifs, les sels d'uranium, ramenés au même état, présentaient la même activité.

La radioactivité atomique est-elle un phénomène général? Telle est la question que s'est posée Mme Curie qui a étudié, par la méthode électrique, les substances suivantes, soit à l'état de corps simples, soit à l'état de corps composés :

1° Tous les métaux ou métalloïdes que l'on trouve facilement et quelques uns, plus rares, produits purs, provenant de la collection de M. Etard, à l'École de Physique et de Chimie de la ville de Paris ;

2° Les corps rares suivants : gallium, germanium, néodyme, praséodyme, niobium, scandium, gadolinium, erbium, samarium et rubidium (échantillons prêtés par M. Demarçay), yttrium, ytterbium (échantillons prêtés par M. Urbain);

3° Un grand nombre de roches et de minéraux.

Dans les limites de sensibilité de l'appareil employé, Mme Curie n'a pas trouvé de substance simple autre que l'uranium et le thorium qui soit douée de radioactivité atomique. Seul le phosphore blanc humide décharge les corps électrisés. Mais il s'oxyde et émet des rayons lumineux; on ne doit donc pas le considérer comme radioactif[1].

Des travaux récents sembleraient prouver que la radioactivité appartient à tous les corps, mais en général à un degré extrêmement faible[2]. Mais l'identité des phéno-

1. Sklodowska Curie, *Recherches sur les substances radioactives*, thèse de la faculté des Sciences; 2e édition. Gauthier-Villars Paris, 1904.

2. Mac Lennan et Burton, *Phil. Mag.*, juin 1903; — Strutt, *Phil. Mag.*, juin 1903; — Lester Cook, *Phil. Mag.*, octobre 1903.

mènes observés avec la radioactivité est loin d'avoir été établie. Il faut, en particulier, tenir compte de l'action exercée par nombre de substances sur la plaque photographique, action purement chimique bien que traversant parfois certains écrans. Nous consacrerons un chapitre (ch. XIII, p. 77) à ces actions curieuses.

37. — Parmi les minéraux examinés par Mme CURIE, quelques-uns, parmi lesquels la pechblende, la chalcholite, l'autunite, la monazite, la thorite, l'orangite, la fergusonite, la clévéite..., etc., présentaient la radioactivité. Tous contiennent du thorium ou de l'uranium. Mais, parmi ces minéraux, quelques-uns sont plus actifs que l'uranium : certaines pechblendes sont quatre fois plus actives que l'uranium métallique; certaines chalcholites deux fois plus actives. Or, d'après ce que nous avons dit précédemment, aucun minerai ne devrait être plus actif que l'uranium. D'autre part, la pechblende, la chalcholite, préparées artificiellement en partant de produits purs, sont moins actives que l'uranium.

« Il devenait dès lors très probable, dit Mme CURIE dans sa thèse, que si la pechblende, la chalcholite, l'autunite ont une activité si forte, c'est que ces substances renferment en petite quantité une matière fortement radioactive, différente de l'uranium, du thorium et des corps simples actuellement connus. J'ai pensé que, s'il en était effectivement ainsi, je pouvais espérer extraire cette substance du minerai par les procédés ordinaires de l'analyse chimique.

. . . .

« Notre méthode de recherches ne pouvait être basée que sur la radioactivité, puisque nous ne connaissions aucun autre caractère de la substance hypothétique. Voici comment on peut se servir de la radioactivité pour une recherche de ce genre. On mesure la radioactivité d'un produit; on effectue sur ce produit une séparation chimique; on mesure la radioactivité de tous les produits obtenus et l'on se rend compte si la substance radioactive est restée intégralement avec l'un d'eux, ou bien si elle s'est partagée entre eux, et dans quelle proportion. On a ainsi une indication qui peut être comparée, en une certaine mesure, à celle que pourrait fournir l'analyse spectrale. Pour avoir des nombres comparables, il faut mesurer l'activité des substances à l'état solide et bien desséchées. »

38. — Le 18 juillet 1898, M. et Mme Curie annonçaient à l'Académie des Sciences, la préparation d'un produit très voisin du bismuth, 400 fois plus actif que l'uranium, produit qu'ils appelèrent *polonium;* mais l'activité du polonium diminue assez rapidement, et il semble que cet élément ne soit pas radioactif par lui-même et qu'il s'agisse avec lui de ce que nous étudierons plus loin sous le nom de *radioactivité induite* (53).

Le 26 décembre 1898, M. et Mme Curie annoncèrent la découverte, faite également dans la pechblende, en collaboration avec M. Bémont d'un nouveau corps radioactif, qu'ils appelèrent le *radium.* Ce produit, qui accompagne le baryum séparé de la pechblende, était 900 fois plus actif que l'uranium.

Enfin, M. Debierne a pu extraire de la pechblende, en 1899, un troisième corps radioactif, dont la séparation est très pénible : l'*actinium.*

Depuis, on a signalé l'existence de divers autres éléments radioactifs, notamment d'un corps voisin du plomb. Mais de tous ces corps, seul le radium a été obtenu à l'état de sel pur.

39. — Toutes ces substances radioactives se trouvent en quantité infinitésimale dans la pechblende. Aussi faut-il, pour obtenir quelques décigrammes de produits très actifs, traiter des tonnes de ce minerai. Les gros traitements ne peuvent se faire que dans une usine ; ils ont été faits dans les usines de Javel par la Société centrale de produits chimiques, sous la direction de M. Debierne.

Nous ne décrirons pas les diverses opérations permettant d'obtenir le sel de radium pur.

Nous nous contenterons de dire qu'on obtient d'abord du chlorure de baryum radifère et que par des séparations successives on obtient des corps de plus en plus actifs.

La pechblende est d'abord traitée à Joachimstal en Bohême, pour en extraire l'uranium ; le résidu est 4 fois et demi plus actif que l'uranium métallique. Une tonne de ce résidu fournit de 10 à 20 kilogrammes de sulfates, dont l'activité est 60 fois plus grande que celle de l'uranium. Après transformation en chlorures, on en extrait environ 8 kilogrammes de chlorure de baryum radifère, dont l'activité est 60 fois plus grande que celle de l'uranium métallique à peu près. De ce chlorure de baryum radifère, on peut extraire quelques décigrammes de chlorure de radium d'activité variant entre 4.000 et 10.000 fois celle de l'uranium, selon la pureté du produit.

Les traitements sont très longs et par suite très coûteux. Aussi les sels de radium sont-ils assez chers ; le tableau suivant indique leurs prix, le 10 février 1904 :

Sel de baryum et de radium :			
Activ. (française),	40	4 fr.	*le gr.*
— —	100	10 —	—
— —	240	24 —	—
— —	1.000	25 —	*les 2 déc.*
— —	3.000	40 —	*le décig.*
— —	7.000	100 —	—
— —	10.000	175 —	—
— —	20.000	400 —	—
Sous-nitrate de bismuth et de polonium...		50 —	*le gr.*
Bismuth-polonium métal		100 —	—

Ces prix nous ont été communiqués par la Société centrale de Produits chimiques.

D'après les déterminations de Mme Curie, le poids atomique du radium serait 225, à une unité près. Les sels de radium ont le même aspect que les sels correspondants de baryum. Ils sont lumineux dans l'obscurité, dégagent de la chaleur d'une manière continue.

Le chlorure de radium est moins soluble que le chlorure de baryum.

IX

LA RECHERCHE DES MATIÈRES RADIOACTIVES MISE A LA PORTÉE DE TOUS

40. — Nous avons vu que deux méthodes principales permettaient d'étudier la radioactivité :

1° L'action sur la plaque photographique;

2° La décharge des corps électrisés ; cette décharge étant due à ce que le rayonnement des corps radioactifs rend conducteurs les gaz qu'il traverse.

A ces deux méthodes, il faut ajouter la fluorescence de certaines substances. Cette fluorescence n'est guère visible qu'avec les substances fortement radioactives ; l'activité des composés de l'uranium et du thorium est trop faible pour produire une fluorescence appréciable.

De ces trois méthodes, méthode électrique, méthode radiographique, méthode fluoroscopique, comme les appelle Mme Curie, la première permet de faire des mesures précises; elle donne des indications rapides ; les deux autres donnent surtout des résultats qualitatifs.

D'ailleurs, comme le dit avec raison Mme Curie dans sa thèse, « les résultats obtenus avec les trois méthodes ne sont jamais que très grossièrement comparables entre eux et peuvent ne pas être comparables du tout. La plaque sensible, le gaz qui s'ionise, l'écran fluorescent sont autant de récepteurs auxquels on demande d'absorber l'énergie du rayonnement et de la transformer en un autre mode de rayonnement : énergie ionique, énergie chimique, énergie lumineuse. Chaque récepteur absorbe une fraction du rayonnement qui dépend essentiellement de sa nature. On verra d'ailleurs plus loin que le rayonnement est complexe; les portions du rayonnement absorbées par les différents récepteurs peuvent différer entre elles quantitativement et qualitativement. Enfin il n'est ni évident ni même probable que l'énergie absorbée soit entièrement transformée par le récepteur en la forme que nous désirons observer : une partie de cette énergie peut se trouver transformée en chaleur, en émission de rayonnements secondaires qui, suivant les cas, seront ou ne seront pas utilisés pour la production du phénomène observé, en action chimique différente de celle que l'on observe, etc., et, là encore, l'effet utile du récepteur, pour le but que nous nous proposons, dépend essentiellement de la nature du récepteur[1] ».

41. — L'énergie rayonnée par les nouvelles substances radioactives est beaucoup plus grande que celle rayonnée par l'uranium ou le thorium : nous avons vu que ces corps ne développaient aucune fluorescence appréciable ; un écran fluorescent s'illumine, au contraire, vivement au voisinage d'un sel de radium. La décharge des corps électrisés est beaucoup plus rapide, 10^6 fois environ. Une plaque photographique est impressionnée en quelques secondes, quelques minutes au plus : une pose de vingt-

1. S. Curie, *Thèse*, p. 47.

six heures au minimum est nécessaire pour obtenir une impression avec l'uranium.

Si la méthode photographique ne se prête pas à des mesures aussi facilement que la méthode électrique, elle présente certains avantages : la plaque photographique accumule lentement les impressions faibles et donne des images avec des détails très délicats.

La méthode photographique peut, en outre, être appliquée par tout le monde ; le matériel qu'elle exige est des plus rudimentaires : du papier noir, des plaques sensibles et une boîte constituent les seuls objets nécessaires avec, bien entendu, les produits nécessaires au développement et au fixage, les cuvettes et la lanterne de laboratoire munie de verres rouges, de papier actinivore ou de papier à l'anactinochrine.

Comme il est fort probable que le radium se trouve dans d'autres minerais d'urane, nous ne saurions trop engager nos lecteurs à essayer, par la méthode photographique, la radioactivité de diverses roches, de divers minerais.

Nous allons, dans ce but, donner quelques indications précises sur les principaux modes opératoires à employer ; nous extrayons en grande partie ces renseignements d'un intéressant article paru dans la revue mensuelle *le Radium*[1].

42. — Le procédé le plus expéditif consiste à essayer les minéraux bruts, sans leur faire subir aucune opération

1. *Recherche des minerais de radium et des matières radioactives*, in *Le Radium*, revue mensuelle illustrée publiée sous la direction de M. Henri FARJAS, n° 2, février 1904, p. 5.

préalable. On place directement le minerai C′ à essayer sur la plaque photographique P, placée horizontalement au fond d'une boîte B parfaitement étanche à la lumière (*fig.* 9[1]). On place une feuille de papier noir E sur la plaque sensible pour empêcher toute action chimique du minerai sur elle. Le rayonnement traverse le papier noir et il

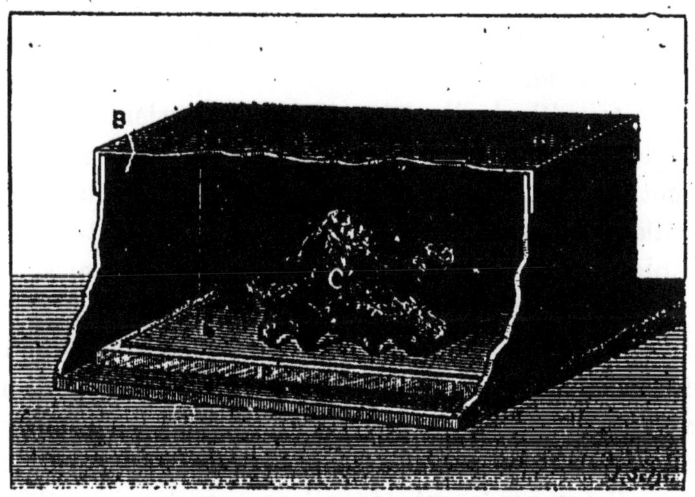

Fig. 9. — Essai des minéraux bruts.

suffit de développer la plaque au bout d'un certain temps pour obtenir une ombre plus ou moins intense du minerai étudié, s'il est radioactif. Il est bon de placer à côté du minerai, sur le papier noir, pour avoir un terme de comparaison, un morceau d'uranium métallique, ou, à défaut, un sel d'urane. Quant au temps de pose néces-

1. Les figures 9, 10 et 11 sont extraites de la revue mensuelle *Le Radium*.

saire pour avoir une impression, il dépend naturellement, et de la sensibilité de la plaque employée et de l'activité du minerai. Lorsqu'on obtient une impression assez intense avec une pose de cinq ou six heures sur une plaque extra-rapide (telle que Lumière étiquette violette), le minerai est assez radioactif pour valoir la peine d'être traité pour en extraire des corps radioactifs. En ce cas, il faut une pose de douze heures environ pour obtenir une impression sur les plaques de sensibilité courante.

Cette méthode d'essai est assez grossière : certaines régions du minerai sont assez loin de la plaque, et il se peut que ces régions renferment précisément les corps radioactifs, si le minerai en contient. Aussi est-il préférable d'employer une des deux méthodes suivantes.

La deuxième méthode consiste à faire agir sur la plaque photographique le corps en poudre. On concasse la substance à essayer ; puis on la pulvérise finement au mortier et on mélange bien la poudre obtenue pour la rendre aussi homogène que possible. Il est bon de prélever sur la substance à essayer des échantillons dans les diverses régions qui peuvent présenter un aspect particulier : on peut soit réunir ces diverses portions, soit mieux, les étudier séparément. On dispose horizontalement, au fond d'une boîte close B, la plaque photographique P, face sensible en dessus, recouverte d'une feuille de papier noir mince E (*fig.* 10). La matière à essayer M est placée sur le papier noir, maintenue par une rondelle de plomb D. Mêmes observations sur le temps de pose que pour la méthode précédente ; il est bon de mettre sur la plaque, en dehors du disque de plomb ou à l'intérieur d'une seconde rondelle de plomb ou sel d'uranium pulvérisé.

Une troisième méthode permet de distinguer dans un minéral les parties actives des régions inactives. Si l'une des deux méthodes précédentes a décelé la radioactivité d'un minerai, il est intéressant de re-

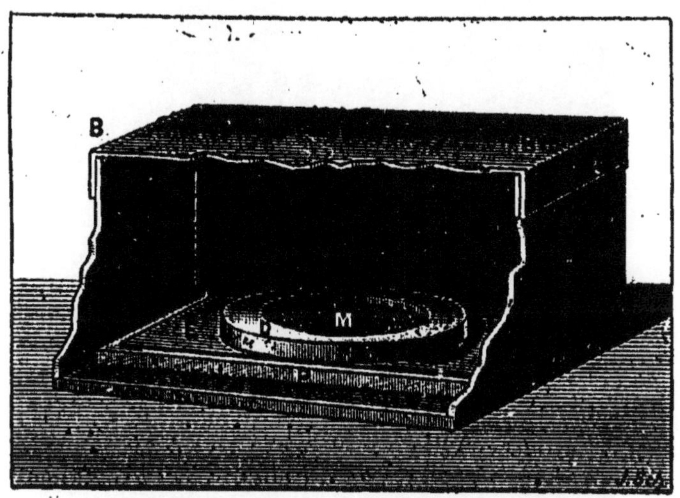

Fig. 10. — Essai des minéraux pulvérisés.

chercher si tout le minerai est actif ou bien si quelques-unes seulement de ses parties sont actives et de déterminer quelles sont ces parties actives. La méthode suivante, imaginée par sir William Crookes, permet d'effectuer cette séparation d'une manière très simple : on use le minerai au tour d'optique, de manière à déterminer sur la matière une surface plane. Dans ces conditions, si le minéral étudié n'est pas homogène, un certain nombre de ses parties actives viendra affleurer la surface plane ; elles impressionneront la plaque photographique, inscrivant ainsi leur activité (*fig.* 11). Il est facile de comparer ainsi, au point de vue de leur activité, les diverses parties d'une substance.

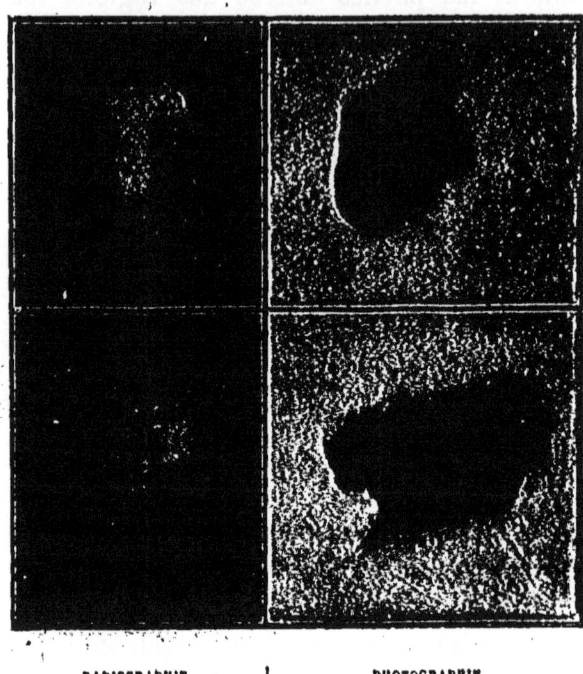

RADIOGRAPHIE | PHOTOGRAPHIE

Fig. 11. — Essai des minéraux polis.

On peut, sur une même plaque photographique, faire un grand nombre d'essais; comme une surface d'un centimètre carré suffit pour déceler la radioactivité, une plaque 9 × 12 permet d'essayer simultanément la radioactivité d'une vingtaine de corps. Comme l'indique la revue *le Radium* dans son n° 3 (mars 1904), il est commode de placer au-dessus de la feuille de papier noir une feuille de plomb de quelques millimètres d'épaisseur perforée de trous de 1 à 2 centimètres de diamètre. On place les minéraux à essayer, pulvérisés ou non, dans chacune des cavités.

Ces méthodes d'essai sont, comme on le voit, très simples et permettront — sans aucun doute — à plus d'un photographe, amateur ou professionnel, de découvrir des minéraux, des sables ou des roches contenant des substances radioactives. Ils rendront ainsi service à la science.

Nous serons très heureux de recevoir et de contrôler les résultats obtenus par nos lecteurs. Nous les prions, dans ce but, de nous envoyer — accompagnés du cliché obtenu par eux — les corps qui leur auraient paru être radioactifs. Nous nous ferons un plaisir de contrôler leurs recherches[1].

1. Envoyer les colis, franco de port à domicile, à M. G.-H. Niewenglowski, 295, rue Saint-Jacques, Paris, V^e. Si on désire accusé de réception ou renseignements, envoyer un timbre pour l'affranchissement.

X

PROPRIÉTÉS DU RADIUM

43. — Dégagement continu de chaleur. — MM. CURIE et LABORDE ont montré que les sels de radium sont le siège d'un dégagement continu de chaleur[1]. La quantité de chaleur dégagée est assez grande pour pouvoir être mise en évidence par une expérience grossière, à l'aide du thermomètre à mercure : la température d'un sel de radium, isolé calorifiquement, augmente. On place dans un vase A, à isolement calorifique (vase de DEWAR, à doubles parois, le vide ayant été fait dans l'intervalle compris entre les deux parois, vases employés pour conserver l'air liquide), une petite ampoule *r* contenant un sel de radium et à côté d'elle un thermomètre à mercure *t* (*fig.* 12). On ferme avec du coton l'ouverture du vase;

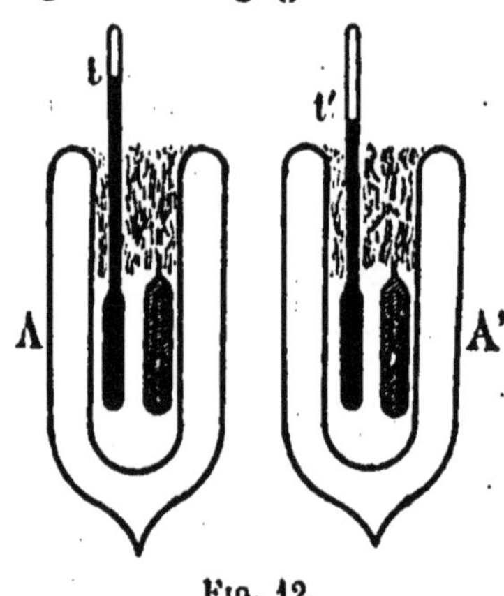

FIG. 12.

1. CURIE et LABORDE, *Comptes Rendus de l'Académie des Sciences*, 16 mars 1903.

dans un autre vase analogue, on place une petite ampoule b, contenant un sel inactif, un sel de baryum par exemple, et, à côté, un second thermomètre à mercure t'. Le thermomètre t indique un excès de température à l'intérieur du vase A, par rapport au vase A'. L'ampoule r contenant 7 décigrammes de radium, la différence de température accusée par le thermomètre t sur le thermomètre t' est constamment de 3°.

La mesure à l'aide du calorimètre Bunsen de la quantité de chaleur dégagée par le radium a montré que 1 gramme de radium dégage par heure 100 petites calories : le radium peut fondre, par heure, un peu plus que son poids de glace.

Ce dégagement de chaleur a lieu à toute température : une ampoule contenant du radium étant plongée dans de l'oxygène ou dans de l'hydrogène liquide (— 253°) le radium continue à dégager 100 petites calories par heure.

D'où vient cette chaleur ?

« Il est vraisemblable, dit M. Debierne dans un intéressant article[1], que ce dégagement d'énergie date de la formation du minerai d'où l'on retire le radium ; c'est un temps que nous ne pouvons évaluer, mais qui est certainement plus grand que des milliers de siècles. Un gramme de radium dégage environ 800.000 calories en une année ; il en résulte que la quantité dégagée par le radium, depuis sa formation, est tout à fait inimaginable.

« L'ordre de grandeur de ce dégagement permet de considérer comme possible que l'énergie solaire et celle

1. A. Debierne, *le Radium et la Radioactivité* (*Revue générale des Sciences*, t. XV, p. 64, 30 janvier 1904).

des étoiles, et, peut être, en partie, celle du centre de la terre, soient produites par des corps radioactifs : un calcul, fait récemment par M. Wilson, montre que la présence de 1 gramme de radium par tonne de matière dans le soleil permet d'expliquer le rayonnement total de cet astre. »

44. — Conductibilité électrique. — Nous avons vu que le rayonnement du radium provoque la décharge des corps électrisés. Cette décharge, analogue à celle produite par les rayons X, est due à ce que l'air et les gaz, traversés par le rayonnement du radium, sont rendus conducteurs. On explique ce phénomène par la formation de centres électrisés positifs et de centres électrisés négatifs qu'on appelle des *ions :* ions positifs, ions négatifs ; on dit que les gaz sont ionisés.

Les corps isolants sont presque tous rendus plus ou moins conducteurs par le rayonnement du radium : c'est ce que M. Curie a montré pour l'éther de pétrole, l'huile de vaseline, la benzine, la paraffine, etc.

45. — Effets chimiques. — Le rayonnement du radium produit diverses actions chimiques.

Le papier jaunit et se détruit quand on le soumet au rayonnement du radium. Le verre et la porcelaine se colorent. Le sel gemme se colore sous l'action du rayonnement du radium, comme il le fait sous l'action des rayons cathodiques.

Le rayonnement du radium agissant sur une solution d'acide oxalique et de chlorure mercurique, il se forme, comme l'a montré M. Henri Becquerel, un précipité de calomel : le chlorure mercurique est réduit à l'état de chlorure mercureux.

Le phosphore blanc soumis au rayonnement du radium se transforme en phosphore rouge, comme lorsqu'on le soumet à l'action de la lumière.

46. — Effet photographique. — La plupart des auteurs rapprochent l'action du radium sur la plaque photographique des actions chimiques produites par ce corps, alors que l'on ignore si la formation d'une image latente est un phénomène d'ordre physique ou chimique.

Nous avons vu que l'action sur la plaque photographique permettait l'étude des phénomènes radioactifs et que c'est cette action qui a permis à M. Becquerel de découvrir le rayonnement de l'uranium.

En plaçant entre une plaque photographique entourée de papier noir et une ampoule contenant du radium divers objets, on peut obtenir de véritables radiographies. Mais les images ainsi obtenues sont beaucoup moins nettes que celles que l'on obtient au moyen des rayons X. Le défaut de netteté est dû à la diffusion du rayonnement par l'air, à la production de rayons secondaires, etc. L'impression photographique peut être obtenue à travers tous les obstacles ; il suffit de prolonger suffisamment le temps de pose.

Les radiographies des figures 13 et 14 ont été obtenues par M. Boulay, à l'amabilité duquel nous les devons[1].

Celle de la figure 13 a été obtenue avec un mélange de sulfure de zinc phosphorescent et de chlorure de baryum radifère (activité 1000), renfermé dans un tube de verre

1. Elles sont extraites de l'ouvrage de M. Besson, *le Radium et la Radioactivité*. Gauthier-Villars, éditeur.

scellé à la lampe. Ce tube était placé à l'intérieur d'un cône de cuivre argenté, lequel reposait directement sur une boîte en bois renfermant les pièces métalliques; temps de pose, deux heures.

La radiographie de la figure 14 est la radiographie de pièces métalliques placées sur une plaque sensible enve-

Fig. 13.

loppée de cinq feuilles de papier noir fort d'emballage. Temps de pose, quatre heures. Elle a été obtenue pour six tubes de même mélange que pour la radiographie de la figure 13, ces six tubes étant disposés en grille et placés à 10 centimètres de la plaque.

Nous verrons (52) comment on peut accroître la netteté des radiographies obtenues par le radium; néanmoins le radium ne semble pas devoir se substituer à l'ampoule de Crookes pour l'obtention des radiographies.

M. S. Shinner a étudié l'action des rayons du radium sur la plaque photographique et a communiqué le résultat de ses études à la séance du 22 janvier 1904 de la Société de Physique de Londres[1]. L'intensité de l'image développée augmente rapidement, jusqu'à un maximum, avec l'augmentation de la

Fig. 14.

durée d'exposition; puis elle diminue, d'abord rapidement, jusqu'à un stade où il ne se forme pratiquement aucune image par développement. Les images d'étincelles électriques peuvent être annulées, puis renversées par l'action prolongée des rayons du radium.

47. — Effets de luminescence. — Nous avons vu que le radium provoquait la luminescence des corps.

1. *Revue générale des Sciences*, 15 février 1904, p. 162.

5

M. Henri Becquerel a fait une étude complète de ces phénomènes. Ils sont très intenses avec le platinocyanure de baryum, le diamant, le sulfure de zinc, le sulfure de calcium, etc. La luminescence, nous l'avons dit, peut être provoquée aussi par les rayons cathodiques et les rayons X. M. Radiguet a montré que ces derniers provoquaient la luminescence d'un très grand nombre de corps. On a montré de même que le radium rendait luminescents le coton, le papier, le verre, les sels d'urane, les sels alcalins, etc.

Le diamant est très peu lumineux sous l'action des rayons X ; le radium le rend au contraire très lumineux. Le sulfure de calcium bleu, au bismuth, est à peine excité par les rayons X, tandis qu'il devient lumineux quand on l'approche d'un sel radifère.

La luminescence de la fluorine reste observable pendant plus de vingt-quatre heures, après que l'influence du radium a cessé. Le sulfure de zinc reste aussi lumineux un certain temps.

Les sels de radium sont lumineux dans l'obscurité. Le rayonnement qu'ils émettent provoque leur luminescence.

Les corps rendus luminescents sous l'action du radium sont modifiés : c'est ainsi que le platinocyanure de baryum se colore en brun foncé ; M. Villard avait signalé la production du même phénomène par les rayons X. Le platinocyanure de baryum transformé est partiellement régénéré sous l'action de la lumière.

48. — **Effets physiologiques.** — Nous consacrons un chapitre spécial (chap. XIV) aux effets physiologiques et aux applications thérapeutiques du radium.

XI

COMPLEXITÉ DU RAYONNEMENT ÉMIS PAR LE RADIUM

49. — Lorsqu'on fait agir un champ magnétique puissant sur le rayonnement du radium, on constate que ce rayonnement comprend trois parties distinctes, auxquelles M. Rutherford a donné les noms de rayons α, rayons β et rayons γ.

On se rend compte de l'existence des trois sortes de rayons par l'expérience suivante (*fig.* 15) : « Le radium R est placé au fond d'une petite cavité profonde creusée dans un bloc de plomb B. Un faisceau de rayons rectilignes et peu épanoui s'échappe de la cuve. Supposons que, dans la région qui entoure la cuve, on établisse un champ magnétique uniforme, très intense, normal au plan de la figure, et dirigé vers l'arrière de ce plan. Les trois groupes de rayons α, β, γ, se trouveront séparés. Les rayons γ, peu intenses, continuent leur trajet rectiligne sans trace de déviation. Les rayons β sont déviés à la façon de rayons cathodiques et décrivent, dans le plan de la figure, des trajectoires circulaires dont le rayon varie dans des limites étendues. Si la cuve est placée sur une plaque photographique PP', la portion de la plaque qui reçoit les rayons β est impressionnée. Enfin les rayons α forment un faisceau très intense qui est dévié légèrement et qui est assez rapidement absorbé par l'air. Ces rayons décrivent dans le plan de la figure une trajectoire dont le rayon de courbure est très grand, le sens de la déviation étant l'inverse de celui qui a lieu pour les rayons β.

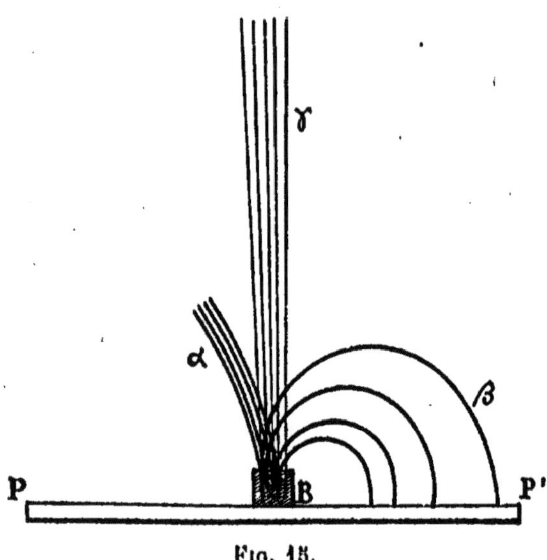

Fig. 15.

« Si l'on recouvre la cuve d'un écran mince en aluminium ($0^{mm},1$ d'épaisseur), les rayons α sont en très grande partie supprimés, les rayons β le sont bien moins et les rayons γ ne semblent pas absorbés notablement... L'expérience que je viens de décrire n'a pas été réalisée sous cette forme [1]. »

L'expérience suivante de M. Becquerel montre net-

1. Sklodowska Curie, Thèse, p. 50.

tement l'existence des rayons β très déviables et des rayons peu déviables par le champ magnétique :

« Une petite quantité d'un sel de radium a été rassemblée dans une rainure pratiquée dans un petit bloc de plomb. Ce bloc, dont la rainure a été recouverte d'une fente très fine formée par deux petites bandes de verre de 1 millimètre d'épaisseur juxtaposée, a été disposée

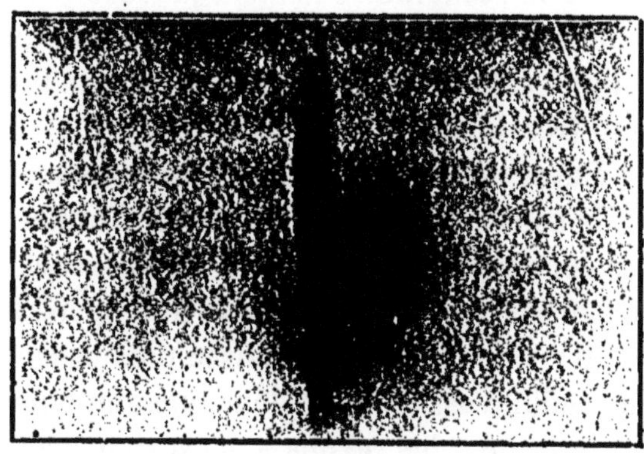

FIG. 16.

entre les armatures planes d'un électro-aimant; la matière active était recouverte d'une mince feuille d'aluminium de $0^{mm},01$ d'épaisseur, de manière à arrêter tout rayonnement lumineux. On commençait par exciter l'électro-aimant, puis on disposait sur la cuve une plaque photographique, inclinée de façon à couper le faisceau plan qui sortait de la fente. Ce faisceau sortait parallèlement au champ magnétique et était partiellement dévié. Au bout d'une trentaine de minutes de pose, pendant lesquelles le champ a été maintenu rigoureusement constant, on obtint, suivant l'intensité du champ et l'inclinaison de la plaque, des épreuves dont la figure 16 donne la reproduction.

« Si la plaque n'est pas enveloppée de papier noir, on a une trace très intense des rayons α, puis une impression des rayons déviés et enfin une trace diffuse, de l'autre côté du rayonnement dévié. Cette impression diffuse apparaît symétriquement de chaque côté de la trace non déviée, si l'on n'excite pas le champ magnétique et si l'on recueille seulement la trace rectiligne du rayonnement total. Comme nous l'avons déjà dit, la partie rectiligne est faiblement déviable en sens inverse par un champ très intense [1]. »

56. — **Rayons α.** — Les rayons α sont les moins pénétrants : ils sont arrêtés par une lame d'aluminium de quelques centièmes de millimètre d'épaisseur ; ils sont aussi absorbés par l'air, qui sous une épaisseur supérieure à 10 centimètres, ne les laisse plus passer. Quand un sel de radium est enfermé dans une ampoule de verre scellée à la lampe, les rayons α ne sortent pas et leurs effets ne se font pas sentir à l'intérieur de l'ampoule. Nous avons vu qu'ils étaient très peu déviés par un champ magnétique ou électrique même très intense.

Cette déviation a conduit à les assimiler à des petits projectiles électrisés positivement et animés d'une grande vitesse qui serait à peu près le vingtième de la vitesse de la lumière. Ces projectiles seraient du même ordre de grandeur que les atomes d'hydrogène.

C'est à ces projectiles qui constituent les rayons α

1. H. Becquerel, *Recherches sur une propriété nouvelle de la matière*, p. 138.

que seraient dus les phénomènes très curieux que présente la phosphorescence du sulfure de zinc produite sous l'action du radium. Si, approchant d'un écran au sulfure de zinc un grain de sel de radium, on examine à travers une loupe puissante la lueur émise par l'écran, on constate la production de petites étoiles brillantes qui s'éteignent et se renouvellent constamment, en des points différents. Sir William Crookes, qui le premier a observé ce phénomène, suppose que chaque étincelle est due au choc d'un projectile α; il a donné le nom de *spinthariscope* au dispositif permettant d'observer le phénomène, qui se produit aussi avec le platinocyanure de baryum, le sulfate d'uranyle et de potassium (H. Becquerel).

Les rayons α semblent former un groupe homogène.

51. — Rayons β. — Ils sont plus pénétrants que les rayons α et semblent analogues aux rayons cathodiques (10). Ils forment un faisceau hétérogène de rayons se distinguant par leurs pénétrations différentes et par leurs déviations différentes dans un champ magnétique. Certains des rayons β sont absorbés par une lame d'aluminium de quelques centièmes de millimètre d'épaisseur, tandis que d'autres traversent, en se diffusant, plusieurs millimètres de plomb. M. Henri Becquerel a montré que les rayons les plus pénétrants sont ceux qui sont le moins déviés par le champ magnétique. Si on reçoit sur une plaque photographique un faisceau de rayons β déviés par un champ magnétique, l'impression obtenue constitue un véritable spectre formé par les divers rayons β.

M. et Mme Curie ont pu montrer que, comme les

rayons cathodiques, les rayons β transportent des charges d'électricité négative.

On regarde les rayons β comme constitués par des projectiles très petits (*électrons*), dont la masse serait environ 2.000 fois plus petite que celle d'un atome d'hydrogène, et qui s'échapperaient du radium avec une grande vitesse, très voisine de la vitesse de la lumière.

Les rayons β se distinguent des rayons cathodiques par leur plus grand pouvoir de pénétration.

Nous voyons que le radium émet spontanément de l'électricité positive et de l'électricité négative. Quand un sel de radium est enfermé dans une ampoule de verre, scellée à la lampe, les rayons α ne restent pas et le sel de radium se charge d'électricité positive ; si, au bout d'un certain temps, on fait un trait de lime sur l'ampoule de verre, pour l'ouvrir, une petite étincelle jaillit et perce la paroi. M. CURIE en répétant cette expérience, ressentit une fois une petite secousse.

52. Rayons γ. — Les rayons γ, très pénétrants, ne subissent aucune déviation sensible sous l'action d'un champ magnétique ou électrique ; ils sont analogues aux rayons X de Röntgen (**15**). Ils ont été découverts par M. VILLARD. Certains d'entre eux peuvent traverser plusieurs centimètres de plomb.

Si on arrête les rayons α par un écran d'aluminium et si on dévie les rayons β par un champ magnétique, les rayons γ, qui constituent alors seuls le rayonnement du radium, permettent d'obtenir des radiographies assez nettes. Mais, comme leur absorption par le gélatino-bromure est faible, les impressions obtenues sont peu intenses.

XII

RADIOACTIVITÉ INDUITE ET ÉMANATION RADIOACTIVE. — OZONISATION DE L'AIR. — PRODUCTION D'HÉLIUM.

53. — **Radioactivité induite.** — Tout corps placé dans le voisinage d'un corps radioactif, radium, thorium et actinium, devient lui-même temporairement radioactif, c'est-à-dire émet des rayons de Becquerel susceptibles d'ioniser les gaz, d'impressionner les plaques photographiques, de provoquer la luminescence de certains corps.

M. et Mme Curie ont donné à ce phénomène le nom de *radioactivité induite.*

La radioactivité induite n'est nullement due au rayonnement du radium : un sel de radium enfermé dans un tube de verre scellé à la lampe ne produit pas de radioactivité induite sur les corps placés à l'extérieur du tube; la radioactivité induite se propage dans les gaz, de proche en proche, par une sorte de conduction.

Le phénomène se produit surtout quand on place le radium, dans un tube en verre, ouvert, à l'intérieur d'une enceinte close; l'enceinte et tous les corps qu'on place à l'intérieur acquièrent la radioactivité induite. Les gaz, contenus dans l'enceinte, conservent, si on enlève le sel de radium, la propriété d'activer les corps, durant un certain temps, un mois environ.

La radioactivité induite sur un corps persiste un certain temps; elle diminue peu à peu et finit par disparaître.

Si une enceinte contenant dans un tube ouvert un sel de radium solide ou à l'état de solution communique par un tube avec une deuxième enceinte, les corps solides contenus dans cette seconde enceinte s'activent aussi, au bout d'un temps suffisant, même si le tube de communication est capillaire.

Si on transporte le gaz, qui a été activé dans une enceinte contenant un sel de radium, dans une autre enceinte, il conserve pendant un temps assez long la propriété de rendre radioactifs les corps solides placés dans cette seconde enceinte. La propriété activante du gaz diminue peu à peu; elle diminue environ de moitié tous les quatre jours.

54. — Émanation. — M. Rutherford explique ces phénomènes en admettant que le radium et les corps radioactifs émettent un gaz matériel radioactif qu'il nomme *émanation*. Cette émanation, dont le débit serait continu et constant, se répandrait dans l'air d'une enceinte et accompagnerait cet air quand on le transvase dans une seconde enceinte.

L'air chargé d'émanation provoque la luminescence des corps placés en sa présence : le verre, surtout le verre de Thuringe, le sulfure de zinc deviennent lumineux sous l'action de l'émanation.

L'émanation du radium se comporte comme un véritable gaz; elle se partage, comme un gaz, entre deux réservoirs communiquant entre eux; elle se diffuse dans l'air comme les gaz.

MM. Rutherford et Soddy ont montré que l'émanation se condense à la température de l'air liquide.

MM. Curie et Debierne ont trouvé que l'émanation passe avec une facilité extrême à travers les trous ou les fissures les plus ténus des corps solides, alors que, dans les mêmes conditions, les gaz matériels ordinaires ne peuvent circuler qu'avec une très grande lenteur.

55. — **Actions chimiques dues à l'émanation.** — Certaines actions chimiques produites au contact du radium sont peut-être dues à l'émanation : le bromure de radium dégage des composés bromés, le chlorure des composés chlorés, les solutions de sels de radium dégagent de l'hydrogène et de l'oxygène.

MM. Ramsay et Soddy ont montré qu'outre l'hydrogène et l'oxygène les gaz qui se dégagent par la dissolution d'un sel de radium contiennent de l'hélium.

56. — **Émanation et ozone.** — Nous insisterons tout particulièrement sur ce fait que l'air qui a été en contact avec un sel de radium contient de l'ozone. Les sels de radium fortement actifs dégagent une odeur analogue à celle que l'on perçoit autour des machines électriques en activité et qu'on attribue généralement à l'ozone.

Or nous verrons, dans le chapitre suivant, que nous consacrerons à l'action de diverses substances sur les plaques photographiques, que l'ozone produit des phénomènes analogues à ceux de la radioactivité.

Aussi n'est-il pas étonnant que, comme conclusion d'un intéressant travail communiqué à la séance, du 7 janvier 1904, de l'Académie des Sciences de Berlin, M. N. Schenck émette l'hypothèse que l'émanation des substances radioactives ne serait autre que de l'ozone.

XIII

ACTION DE DIVERSES SUBSTANCES SUR LA PLAQUE PHOTOGRAPHIQUE. — PROPRIÉTÉS CURIEUSES DES CORPS TRAITÉS PAR L'OZONE.

57. — Actions diverses sur la plaque photographique. — De nombreuses substances impressionnent la plaque photographique dans l'obscurité, sans aucune cause excitatrice apparente. Le premier phénomène de ce genre a été découvert par M. R. Colson[1] : il plaçait dans l'obscurité une plaque de zinc fraîchement décapé en face d'une plaque photographique et à une faible distance. Après vingt-quatre heures, la plaque était assez fortement impressionnée et son développement faisait apparaître la silhouette du zinc.

M. Russell a montré que d'autres substances agissaient comme le zinc[2]. D'autres métaux que le zinc : le magnésium et le cadmium au même degré ; le nickel, l'aluminium, le plomb et le bismuth à un degré plus faible ; le cobalt, l'étain et l'antimoine à un degré très

1. *Comptes Rendus de l'Académie des Sciences*, t. CXXIII, p. 49, 1896.

2. On trouvera un résumé très détaillé de sa communication à la Société royale de Londres dans le numéro du 15 septembre 1898 de la *Revue générale des sciences*, p. 694.

faible, produisent le même phénomène. Il en est de même de nombre de substances organiques ; le copal, l'encre d'imprimerie qui doivent leur action à leurs constituants principaux : l'huile bouillie[1], l'essence de térébenthine, qui, prises séparément, impressionnent aussi les plaques photographiques dans l'obscurité.

Il en est de même des essences de menthe poivrée, de citron, de pin, de genièvre, de bergamotte, de lavande, de girofle, d'eucalyptus, de cédrat, etc., soit à l'état naturel, soit dissoutes dans l'alcool. Les composants principaux de ces corps sont des terpènes qui se sont montrés très actifs.

L'impression se produit à travers un écran de gélatine, de celluloïd, de collodion, de gutta-percha, de papier à calquer, de parchemin ou de papier ordinaire. Elle cesse si on interpose entre la plaque et la substance active une lame de verre ou de mica, si minces soient-elles.

Il semble donc que l'action soit due à une vapeur. S'il en est ainsi, la vapeur doit pouvoir être entraînée par un courant d'air. M. Russell a placé dans un tube de verre des rognures de zinc sur lesquelles il faisait passer de l'air qui arrive dans une caisse obscure et close, au fond de laquelle est une plaque photographique, à une certaine distance de laquelle se trouvait un écran destiné à arrêter l'action directe du zinc. Au bout de quatre jours la plaque était impressionnée ; répétant l'expérience en enlevant les rognures de zinc, on n'obtint aucune impression.

1. Huile de lin qui a été chauffée avec de l'oxyde de plomb.

Le mercure présente une particularité intéressante. Pur, il n'agit pas sur la plaque sensible ; impur, il impressionne la plaque. Il suffit qu'il renferme $\frac{1}{300}$ 0/0 de zinc, de magnésium ou de plomb pour qu'il devienne actif.

L'alcool, l'éther sont inactifs ; mais il suffit d'une trace de zinc d'aluminium ou de magnésium pour les rendre actifs, comme le mercure.

La température a une grande influence sur ces phénomènes : à 4 ou 5°, le zinc n'a qu'une action très faible. Les expériences ont été faites à 170 et 180°, quelques-unes à 55°.

58. — M. Russell a constaté que ces phénomènes se produisent aussi avec l'eau oxygénée : l'expérience se fait avec une petite cuvette de verre ronde, au fond de laquelle on verse le liquide à étudier, et qu'on recouvre ensuite de la plaque photographique. Si la cuvette contient de l'eau pure, on n'observe aucune action, même au bout de vingt heures; mais, si on ajoute une trace d'eau oxygénée, l'action se produit. Avec une partie d'eau oxygénée pour un million de parties d'eau, on observe une faible action au bout de dix-huit heures.

L'impression de la plaque photographique par des traces d'eau oxygénée se produit à travers un écran de gélatine, de celluloïd, de gutta-percha, de papier à calquer, de parchemin.

M. Russell a pu montrer que l'action des dernières substances énumérées plus haut était due à la formation de traces d'eau oxygénée au contact de ces substances, et a étudié le mécanisme de passage à travers les lames de gélatine, celluloïd. gutta-percha, etc.[1].

59. — Ces actions sont-elles analogues à celles des rayons de Becquerel ? Il y a des différences assez marquées entre les deux actions : les rayons Becquerel traversent le verre, le mica. Les corps étudiés par M. Colson et par M. Russell ne semblent pas rendre l'air conducteur de l'électricité ou tout au moins, on n'a pu constater cette conductibilité. L'activité du zinc n'a lieu que pour un état chimique déterminé de la matière. Si le zinc fraîchement décapé est très actif, le zinc qui a été longtemps exposé à l'air, dont la surface a été oxydée, n'agit pas. Le zinc n'est actif qu'à l'état métallique ; l'oxyde de zinc n'est pas actif.

60. — Propriétés des corps traités par l'ozone. — A la séance du 7 février 1902 de la Société française de Physique, M. Villard décrivit quelques expériences curieuses sur des propriétés des corps traités par l'ozone. Nous extrayons la description de ces expériences du résumé qu'on a publié la *Revue générale des sciences*[2] :

« L'oxygène ozonisé, préparé par la méthode ordinaire, est à peu près sans action sur le gélatinobromure d'argent. On obtient, au contraire, une action intense en mettant sur la plaque sensible, ou à quelques millimètres de celle-ci, un corps capable de détruire l'ozone (papier, caoutchouc, etc.), Une pièce de monnaie donne ainsi, au contact, une effigie très marquée.

« Il n'est pas nécessaire que l'objet actif soit mis en

1. Voir *Revue générale des sciences*, 15 août 1899, p. 570.
2. *Revue générale des sciences*, t. XIII, p. 214, 28 février 1902.

présence de la plaque sensible pendant l'ozonisation. La propriété d'impressionner le sel d'argent persiste plus de vingt-quatre heures après que l'ozone a cessé d'agir. On obtient des résultats analogues avec des substances inorganiques, par exemple des métaux, préalablement traités par la chaleur rouge : certains d'entre eux acquièrent, sous l'influence de l'ozone, une activité assez g[illegible]de, qui persiste pendant plus d'un jour. Le bismuth [illegible]ns ce cas ; mais les résultats sont très irréguliers et semblent attribuables à un corps étranger. L'aluminium donne des résultats assez constants ; toutefois l'impression photographique n'est pas uniforme : elle se compose d'un semis de points noirs sur un fond grisâtre. L'aluminium silicié s'est montré extrêmement actif, sans qu'il soit cependant certain que le fait soit dû au silicium.

« L'action exercée sur la plaque sensible a lieu à une distance de plusieurs millimètres. Il semble même que l'émanation ou le rayonnement émis soient susceptibles de traverser une feuille très mince d'aluminium laminé. Le fait a été observé une fois avec l'aluminium silicié très actif. Il n'est pas encore possible, surtout en l'absence de phénomènes d'ordre électrique, de relier ces faits par une hypothèse. Mais on entrevoit la possibilité d'expliquer simplement un grand nombre dobservations très diverses : en particulier, les propriétés des papiers insolés rentreraient dans cette catégorie. On sait d'ailleurs que Thénard attribuait leur activité à l'action de l'ozone. »

61. — Ozone et radioactivité. — Les phénomènes présentés par l'ozone et la radioactivité présentent des analogies assez étroites. Outre l'action photographique que M. VILLARD a mise en évidence, l'ozone produit des ions gazeux; les substances ozonisées, comme l'a montré M. E. Van AUBEL, augmentent la conductibilité électrique du sélénium. MM. F. RICHARZ et R. SCHENCK ont montré, dans une communication à l'Académie des Sciences de Berlin, que les autres propriétés des substances radioactives, particulièrement l'excitation de la luminescence, se retrouvent également dans l'ozone; de même que les sels de radium dégagent continuellement de la chaleur (qui accompagne peut-être la désagrégation du sel de radium), l'ozone se décompose avec un grand dégagement de chaleur. La seule différence est que le poids atomique de l'ozone est beaucoup plus faible que celui des corps radioactifs. Pour MM. F. RICHARZ et R. SCHENCK, l'ozone est une substance essentiellement radioactive[1].

Nous avons vu que, pour M. R. SCHENCK, l'émanation du radium ne serait autre que de l'ozone (56).

1. *Revue générale des sciences*, 29 février 1904, p. 214.

XIV

EFFETS PHYSIOLOGIQUES ET APPLICATIONS THÉRAPEUTIQUES DU RADIUM

62. — Le rayonnement du radium agit sur la matière vivante et produit sur elle des effets variables ; on peut néanmoins dire, d'une manière générale, qu'à très faible dose — comme d'ailleurs la plupart des autres formes de l'énergie — l'énergie émise par le radium augmente l'intensité vitale de la matière vivante. A dose plus forte, elle diminue la vitalité et peut amener la mort.

En ce qui concerne les tissus végétaux, M. Giesel a constaté que les feuilles jaunissent sous l'action du radium, et M. Matout, que l'action prolongée du rayonnement émis par le radium détruit les facultés germinatives des graines.

Pour les tissus animaux, l'action sur la peau que nous décrivons en détail et celle sur le tissu nerveux ont été particulièrement étudiées. M. Danysz a montré qu'une action assez courte sur le système nerveux d'une souris, d'un cobaye, ou d'un lapin, produit la paralysie, puis la mort.

63. — L'une de ces actions les plus curieuses est celle exercée sur l'œil. Si dans l'obscurité on place devant l'œil une petite boîte fermée, à parois opaques

pour la lumière, contenant un morceau de radium, on perçoit une lueur générale semblant venir de tous les côtés. Cette lueur est due à ce que les radiations invisibles émises par le radium, qui traversent les parois de la boîte, rendent phosphorescents les divers milieux de l'œil.

64. — L'action sur les microbes a été surtout étudiée en Allemagne par Askinass et W. Caspari. Le développement de certains bacilles est arrêté sous l'action des radiations absorbables émises par le radium, c'est-à-dire des radiations peu déviables par l'aimant : si on interpose entre la culture et le sel de radium une lame mince d'aluminium, le développement des bacilles ne subit aucun arrêt. L'action bactéricide cesse si le radium est placé à plus de 6 centimètres de la culture, les rayons microbicides étant très absorbés par l'air.

65. — Le radium rend la peau phosphorescente et produit une action profonde. M. Giesel ayant placé sur son bras pendant deux heures du bromure de baryum radifère, enveloppé dans une feuille de celluloïd, aperçut une rougeur et, trois semaines après, il se produisit une inflammation et la peau finit par tomber. M. Curie a constaté sur lui le même phénomène. Les mains de ceux qui manipulent le radium ont d'ailleurs une tendance très marquée à la desquamation.

C'est à la suite de ces constatations que MM. Besnier et Danlos essayèrent d'utiliser le radium en dermothérapie : M. Danlos, en particulier, étudia son action sur le lupus, le psoriasis, la pelade, les cancroïdes superficiels, la tuberculose ganglionnaire, etc. Les recherches sont loin d'être achevées; néanmoins, en ce qui con-

comme le lupus, les espérances se sont suffisamment réalisées pour qu'il en ressorte un nouvel encouragement à continuer les essais commencés, que nous décrirons, en les résumant, d'après un travail très intéressant du Dr Armand Blandamour [1].

La substance radifère, généralement à l'état pulvérisé, était au début le plus souvent, pour l'application thérapeutique, enfermée dans de petits sachets imperméables de caoutchouc ou de celluloïd, de forme carrée ou rectangulaire, dans lesquels la poudre radifère se trouve étalée sur une épaisseur de 2 à 3 millimètres. Ces sachets, dont les dimensions variaient entre 4 et 5 centimètres, présentaient des inconvénients : en particulier, aucun dispositif ne permettait d'arrêter les radiations divergeant autour des zones d'application; il est difficile de les tenir aseptiques. Aussi emploie-t-on de préférence un tube de verre scellé à la lampe, placé dans une gaine de bois recouverte par une lame de plomb fenêtrée sur une de ses faces, de façon à limiter exactement l'action de la substance active.

Deux méthodes d'application principales sont employées : la méthode des séances courtes et répétées, et la méthode des applications prolongées.

Cette dernière a été la plus employée.

Les phénomènes réactionnels qui suivent les applications de composés radifères sur les surfaces lupiques sont assez complexes, et il convient de les diviser en trois phases.

1. Dr Armand Blandamour, *Traitement du lupus par le radium*. C. Naud, éditeur.

Dans une première phase, la zone d'application se montre dessinée par une rougeur plus ou moins vive, qui quelquefois s'atténue et disparaît en quelques jours, pour reparaître parfois, et quelquefois persiste. Puis le placard prend un aspect macéré, blanchâtre, entouré ou non d'une zone rouge et se recouvre de croûtelles ou de phlyctènes flasques, que suit immédiatement l'ulcération.

L'ulcération, seconde phase, est précoce ou tardive, selon les cas. Elle paraît se produire d'autant plus vite que l'application a été plus prolongée ; dans certains cas, on a trouvé l'épiderme déjà desquamé par places, dès la levée du sachet radioactif. Mais, la plupart du temps, elle se produit au bout d'un laps de temps variant entre dix et quinze jours. Le plus souvent elle se produit progressivement, et son étendue est celle de la plaque de radium employée. La couleur de l'ulcération est généralement jaunâtre; cette couleur et son peu de profondeur la caractérisent nettement. Lorsque l'ulcération est produite, il est indiqué de la recouvrir de pansements destinés à la protéger des infections pouvant provenir de l'extérieur. L'ulcération dure assez longtemps, et cette persistance serait due à un emmagasinement par les tissus des radiations actives ; on diminuerait sa durée en la recouvrant de feuilles métalliques absorbant les radiations emmagasinées.

Quant à la cicatrisation (troisième phase), elle n'a de spécial que l'extrême lenteur de sa marche. Le résultat obtenu est une cicatrice blanche, lisse, mince et souple, constituant un mode de guérison parfait du lupus.

Les applications du radium sont généralement inoffensives et d'une grande innocuité ; on ne cite guère que deux accidents : des ulcérations douloureuses et un retard de la cicatrisation, dû à une application trop prolongée.

Les avantages du traitement par le radium sont : la grande rapidité, le traitement d'une zone lupique ne demandant que trois ou cinq semaines, la simplicité du traitement et son innocuité.

On a récemment essayé l'emploi d'injections hypodermiques de solutions de sels radifères ; mais les résultats ont été déplorables : la destruction complète des tissus a été le principal effet.

Nous laisserons de côté ce qui concerne le traitement du cancer, les effets produits par le radium étant à nos yeux aussi discutables que ceux dus aux rayons X. Si quelques cas heureux ont été suivis sinon d'une guérison complète, du moins d'une amélioration indiscutable, il faut se garder de généraliser. Il y a, en effet, d'une part, cancer et cancer, et, d'autre part, rayons X et rayons X. Le radium lui-même, nous l'avons vu, émet des rayons de nature différente et une émanation qui produit la radioactivité induite.

66. — Or, dans aucune des applications thérapeutiques du radium on n'a étudié séparément l'action de chacune de ces radiations ou de l'émanation.

Aussi croyons-nous que, malgré les résultats encourageants obtenus dans le traitement du lupus, il y a encore beaucoup à étudier avant d'obtenir des effets certains.

Ce n'est que lorsqu'on aura étudié en détails l'action, sur chaque tissu, de chaque sorte de rayons α, β, γ, émis par le radium, que l'on pourra réellement aborder les applications thérapeutiques du radium.

Aussi croyons-nous prudent d'attendre encore — malgré les résultats encourageants obtenus dans le traitement du lupus — avant de pouvoir appliquer rationnellement le radium à l'art de guérir ou même simplement de soulager.

XV

CONSIDÉRATIONS THÉORIQUES

67. — La radioactivité est-elle une propriété n'appartenant qu'à un petit nombre de corps tels que le radium, le thorium, l'actinium, l'uranium etc... ou bien n'est-elle pas une propriété générale de la matière ? Cette dernière hypothèse est très vraisemblable. Il est fort probable que tous les corps sont radioactifs, mais que la plupart sont faiblement radioactifs.

MM. Elster et Geitel ont montré que l'air ordinaire contenait une quantité très faible d'une émanation produisant la radioactivité induite.

Certaines eaux minérales dégageraient ainsi une émanation provoquant la radioactivité induite ; aucune émanation ne serait dégagée par l'eau de la mer et l'eau des rivières.

68. — Nous avons vu que le radium constituait une source constante d'énergie, au moins en apparence, se révélant à nous par un dégagement continu de chaleur, par le rayonnement de rayons Becquerel, par le dégagement d'une émanation, etc. Malgré ce dégagement continu d'énergie, le radium semble rester identique à lui-même et ne subir aucune modification ; son activité paraît invariable.

Ces faits paraissent en contradiction avec nos idées sur la conservation de la matière et sur la conservation de l'énergie.

On a fait de nombreuses hypothèses pour expliquer l'origine de l'énergie du radium. Deux d'entre elles méritent surtout d'attirer l'attention.

69. — La première consiste à considérer le radium comme un élément en voie d'évolution : l'énergie qu'il rayonne serait due à des transformations atomiques, peut-être même à une véritable transmutation du radium en d'autres éléments ! A l'appui de cette hypothèse on invoque la production d'hélium, observée par MM. Ramsay et Soddy. Il semblerait, selon cette hypothèse, que le radium doive diminuer de poids avec le temps. Or les mesures faites dans cet ordre d'idée sont contradictoires ou comportent des erreurs du même ordre de grandeur que les quantités mesurées. D'après, M. J.-J. Thomson, une surface de 1 centimètre carré de radium ne perdrait que 1 milligramme de ce corps dans un million d'années !

70. — La seconde hypothèse consiste à admettre l'existence dans l'espace de rayonnements inconnus. Le radium ne jouerait qu'un rôle de transformateur : il absorberait l'énergie de ces rayonnements pour la transformer en énergie radioactive, de même que la lumière violette invisible est transformée en lumière visible par les corps fluorescents tels, que le sulfate de quinine et le verre d'urane.

71. — Une hypothèse intermédiaire consiste à imaginer « que l'énergie du rayonnement inconnu reçu par le radium est emmagasinée par celui-ci comme dans une

phosphorescence et que le radium utilise cette énergie pour se transformer ou pour provoquer la transmutation des éléments voisins[1] ».

L'explication suivante est encore à examiner : « Le radium peut être seulement un intermédiaire dans tous ces phénomènes. Il peut, par exemple, être considéré comme un élément catalysateur, provoquant la transformation d'éléments communs, comme la mousse de platine provoque la combinaison de l'hydrogène et de l'oxygène ou celle du gaz sulfureux et de l'oxygène. Une quantité minime de radium pourrait donc provoquer le dégagement d'une énorme quantité d'énergie sans qu'on pût observer une variation sensible dans le radium. Les éléments transformés par le radium peuvent être soit ceux qui sont combinés avec lui, soit les éléments gazeux qui reçoivent son action[2]. »

72. — Quelle que soit l'hypothèse que l'on admette, la cause initiale de ces phénomènes reste encore mystérieuse. Aussi nombre de savants ont-il cru devoir mettre en doute, à propos du radium les principes de la conservation de l'énergie et de la conservation de la matière sur lesquels repose toute la science moderne. Mais ce n'est là qu'un moyen de cacher notre ignorance, et peut-être a-t-on tort de se servir du radium pour essayer de démolir et de bouleverser nos idées actuelles sur la constitution de la matière et sur la conservation de l'énergie.

1. A. Debierne, *le Radium et la Radioactivité*, deuxième partie (*Revue générale des sciences*, 30 janvier 1904, p. 70).

2. A. Debierne, *Id.* On lira avec profit, pour avoir une idée nette des phénomènes catalytiques, la conférence sur la *Catalyse* faite en 1903 à la Société chimique de Paris par M. L.-J. Simon.

M. Ernest SOLVAY critique avec raison cette manière de voir, dans une intéressante communication à l'Académie des Sciences, communication dont nous reproduisons ci-dessous les principaux passages :

« Bien des esprits scientifiques s'affligent de voir qu'à propos du radium, qui semble émettre indéfiniment de l'énergie en se maintenant à une température supérieure à celle de son milieu, d'éminents savants en arrivent presque immédiatement à envisager l'abandon des grands principes physiques qui ont servi à constituer la science moderne et à admettre que l'énergie puisse spontanément se produire au sein d'une même substance, au même endroit de l'espace et s'émettre indéfiniment sans qu'il soit fait appel à des substances ou à des énergies étrangères, la cause productrice semblant ainsi se reproduire elle-même indéfiniment.

S'il m'était permis d'essayer, en cette circonstance particulière et critique, de parler au nom des premiers, je dirais qu'avant d'envisager les choses par leur côté en quelque sorte le plus mystérieux, il paraît logique de tenter de les prendre d'une façon plus simple, et je proposerais l'explication qui va suivre.

L'énergie que nous ne produisons pas nous-mêmes par des moyens physiques ou mécaniques, parmi lesquels sont les êtres vivants eux-mêmes, proviendrait pour ainsi dire exclusivement du soleil, ainsi qu'on l'a toujours admis.

Elle serait composée d'une infinité de rayons éner-

1. Ernest SOLVAY, *Sur les potentialisations spécifiques et la concentration de l'énergie* (*Comptes Rendus de l'Académie des Sciences*, t. CXXXVIII, p. 495, 22 février 1904).

gétiques divers et comprenant tous ceux que l'on rencontre dans la radiation des corps phosphorescents et radioactifs : ce qui semble d'ailleurs constaté.

Ces rayons divers trouveraient chacun, parmi les différents corps qui constituent nos milieux, des molécules éparses aptes à les potentialiser *tels qu'ils sont*, c'est-à-dire aptes à les recevoir et à les fixer temporairement et spécifiquement sous forme d'énergie latente, quel que soit d'ailleurs le mécanisme de cette potentialisation spécifique : le principe en cause serait que *la réceptivité d'un corps pour l'énergie* (comme, d'ailleurs, sa transparence et son opacité) *varierait avec sa nature et avec son état physique moléculaire, et aussi avec la nature et avec l'état physique moléculaire du corps qui émet l'énergie.*

Mais il existerait des corps renfermant des molécules, ou même entièrement constitués par des molécules possédant une réceptivité plus grande encore, pour ces divers rayons énergétiques, que les molécules éparses dont nous venons de parler : tels les corps phosphorescents, pour certaines radiations, et les corps radioactifs pour d'autres ; et ces corps, introduits dans des milieux quelconques, les dépotentialiseraient à leur profit en attirant à eux leur énergie spéciale, et, de plus, concentreraient celle-ci dans l'espace relativement restreint que présente leur volume.

Alors donc que notre œil ne pouvait percevoir cette énergie éparse, il le pourrait dès qu'elle serait ainsi concentrée sur un corps, et, par suite, le corps nous paraîtrait lumineux... »

TABLE DES MATIÈRES

Tours. — Imp. DESLIS FRÈRES, 6, rue Gambetta.

Documents manquants (pages, cahiers...)

NF Z 43-120-13

www.ingramcontent.com/pod-product-compliance
Ingram Content Group UK Ltd.
Pitfield, Milton Keynes, MK11 3LW, UK
UKHW020324250726
13967UKWH00004B/1844